燃气行业从业人员专业培训教材

燃气通用知识与专业知识

主　编　甘信广　甘胜滕

中国环境出版集团·北京

图书在版编目（CIP）数据

燃气通用知识与专业知识/甘信广，甘胜滕主编
. —北京：中国环境出版集团，2024.1
燃气行业从业人员专业培训教材
ISBN 978-7-5111-5476-7

Ⅰ.①燃… Ⅱ.①甘… ②甘… Ⅲ.①城市燃气—技
术培训—教材 Ⅳ.①TU996

中国国家版本馆 CIP 数据核字（2023）第 044021 号

出 版 人	武德凯	
责任编辑	易 萌	
封面设计	彭 杉	

出版发行　中国环境出版集团
　　　　　（100062　北京市东城区广渠门内大街 16 号）
　　　　　网　　址：http：//www.cesp.com.cn
　　　　　电子邮箱：bjgl@cesp.com.cn
　　　　　联系电话：010-67112765（编辑管理部）
　　　　　　　　　　010-67112739（第三分社）
　　　　　发行热线：010-67125803，010-67113405（传真）
印　　刷　玖龙（天津）印刷有限公司
经　　销　各地新华书店
版　　次　2024 年 1 月第 1 版
印　　次　2024 年 1 月第 1 次印刷
开　　本　880×1230　1/32
印　　张　9.375
字　　数　244 千字
定　　价　35.00 元

【版权所有。未经许可，请勿翻印、转载，违者必究。】
如有缺页、破损、倒装等印装质量问题，请寄回本集团更换。

中国环境出版集团郑重承诺：
中国环境出版集团合作的印刷单位、材料单位均具有中国环境标志产品认证。

"燃气行业从业人员专业培训教材"
编 委 会

主　　任：刘庆堂
副 主 任：牟培超　刘晓鹏　甘信广
主　　审：张培新　宋克农　张少瑜
编　　委：杜　彦　张丽娜　贾文杰　甘胜滕　黄梅丹
　　　　　于　彬　孟祥军　屠晓斌　李新强　李传光
　　　　　周连余　沈　颖　姚子强

《燃气通用知识与专业知识》
编 委 会

主　　编：甘信广　甘胜滕
副 主 编：姚洪文　王敬博　李艳红
参编人员：殷文英　王文斌　赵子祥　渠继攀　屠小斌
　　　　　王翰超　杨　龙　李井凯　孙楠楠

序　言

　　燃气是重要的清洁能源之一，在一次能源结构中的占比快速提高。城镇燃气安全稳定供应，事关能源结构调整、清洁能源高效利用、改善和保障民生、社会和谐稳定，意义重大。中共中央、国务院高度重视燃气安全。燃气安全事故一旦发生，给人民群众生命财产安全造成损失。国务院颁布的《城镇燃气管理条例》第十五条规定"企业的主要负责人、安全生产管理人员以及运行、维护和抢修人员经专业培训并考核合格"，第二十七条中规定"单位燃气用户还应当建立健全安全管理制度，加强对操作维护人员燃气安全知识和操作技能的培训"。从事燃气行业或使用燃气，熟悉燃气知识、掌握燃气专业技能是科学利用燃气的关键。

　　保障燃气设备平稳运行，关键在人才队伍建设。2022 年 5 月 1 日起施行的《中华人民共和国职业教育法》，第二十四条规定"企业应当按照国家有关规定实行培训上岗制度。企业招用的从事技术工种的劳动者，上岗前必须进行安全生产教育和技术培训；招用的从事涉及公共安全、人身健康、生命财产安全等特定职业（工种）的劳动者，必须经过培训并依法取得职业资格或者特种作业资格"。为更好地适应这一需要，我们组织高等职业院校骨干教师和行业管理专家编写了"燃气行业从业人员专业培训教材"系列丛书。

　　"燃气行业从业人员专业培训教材"系列丛书针对燃气行业基本工种，包括《燃气通用知识与专业知识》《燃气相关法律法规与经营企业管理》《燃气管网运行》《压缩天然气场站运行》《液化天然气储运》《液化石油气库站运行》《燃气用户安装检修》《燃气输配场站运行》《汽车加气站操作》，突出通识性、适用性、实用性、时效性，总结提炼典型经验做法，实现理论知识和专业技能的融合。既适用于从业人员上岗培训、待业人员就业培训，也适用于职业技能鉴定机构组织培训。对职业院校师生、燃气行业技术使用者也有较高的参考价值。这套教材的出版，一定能够为广大燃气行业从业人员提供有益的帮助，对燃气知识的学习、技术技能的提高起到积极的推动作用。

前　言

为加快燃气行业高技能人才队伍建设，推动行业全面发展，促进行业转型升级和高质量发展，我们邀请了多位知名专家和学者，通过对燃气行业现场经验的总结以及对燃气工程项目的实地考察，建立了一套科学的行业工程理论体系，结合实践经验和理论知识，参考有关国家标准及行业标准，共同编写了"燃气行业从业人员专业培训教材"，为燃气行业技能人才培养提供服务，以提升从业人员的职业技能，进一步提高工程质量和安全生产水平。

本书是"燃气行业从业人员专业培训教材"系列丛书之一，共十一章，内容包括燃气基本知识、职业健康管理、消防基本知识、燃气安全生产及管理、燃气信息化发展、能源应用与环境保护、城镇燃气的输配、城镇燃气的市场供应、燃气燃烧器具安全管理、天然气加气站、瓶装燃气供应等内容，由山东城市建设职业学院甘信广、枣庄市城市建设事业发展中心甘胜滕担任主编，枣庄科技职业学院姚洪文、王敬博、李艳红任副主编。第一章由姚洪文、王敬博编写；第二章由李井凯、孙楠楠编写；第三章由甘信广、王翰超、李艳红编写；第四章由甘信广、渠继攀编写；第五章由甘信广、赵子祥编写；第六章由王文斌编写；第七章由渠继攀编写；第八章由殷文英编写；第九章由王翰超编写；第十章由杨龙编写；第十一章由屠小斌编写。全书由甘信广、姚洪文、甘胜滕、王敬博审核。谨此向为本教材的编写工作提供了大力支持的山东城市建设职业学院、枣庄科技职业学院、枣庄市城市建设事业发展中心、山东化工技师学院、江苏城乡建设职业学院和华润燃气有限公司等单位深表谢意！

　　编写本书时参考了大量文献资料，在此对各位编委和参与调研的专家、学者表示衷心感谢。因时间仓促、经验不足，书中的疏漏和不妥之处在所难免，恳请专家和广大读者批评指正。

编者

目　　录

通用知识篇

通用知识篇

第一章

燃气基本知识

第一节　城镇燃气的分类

燃气是气体燃料的总称，由多种可燃组分和不可燃组分组成，其中，可燃组分一般为碳氢化合物（低级烃，如甲烷、乙烷、丙烷、丁烷、丙烯、丁烯等）、氢和一氧化碳等，不可燃组分主要有二氧化碳、氮、氧，以及氨、硫化物、氰化物、水蒸气、焦油、萘和灰尘等。

燃气的种类有很多，可以作为城镇燃气气源供应的主要有天然气、液化石油气、人工燃气和生物气。人工燃气将逐步被前两种燃气取代，生物气可作为农村或乡镇以村或户为单位的能源。近年来，二甲醚的工业化生产和利用规模不断扩大，今后将会取代液化石油气。

一、天然气

天然气既是制取合成炭黑、乙炔等化工产品的原料气，又是优质燃料气，是理想的城镇燃气气源，有效利用天然气对促进低碳化、实现节能减排、提高能源利用率和实现能源的可持续发展具有重大意义。

天然气的开采、储运和使用既经济又方便。例如，液态天然气的体积仅约为气态天然气的 1/600，有利于运输和储存。一些天然气资源缺乏的国家通过进口天然气或液化天然气以发展城镇燃气事业，天然气工业在世界范围内发展迅速。21 世纪，天然气将会取代石油成为全球的主导能源。

我国有较为丰富的天然气资源，但天然气资源地理分布不均衡，为实现资源的合理调配利用，我国天然气管道向大型化、网络化方向发展，建设多条天然气长输管线并投入使用，包括陕京输气管道一线和二线，"西气东输"输气管道一线、二线和三线，涩宁兰输气管道，忠武输气管道，川气东送输气管道，南海崖 13-1 气田至香港输气管道和东海平湖至上海输气管道等。

天然气有多种分类方式，按照勘探、开采技术可分为常规天然气和非常规天然气两大类。

1. 常规天然气

常规天然气按照矿藏特点可分为气田气、石油伴生气和凝析气田气等。

（1）气田气

气田气是指产自天然气气藏的纯天然气。气田气的组分以甲烷为主，还含有少量的非烃类组分（如二氧化碳、硫化氢、氮、氧和氢等），微量组分有氦和氩。

（2）石油伴生气

石油伴生气是指与石油共生的、伴随石油一起开采出来的天然气。石油伴生气的主要成分为甲烷、乙烷、丙烷和丁烷，还有少量的戊烷和重烃。

（3）凝析气田气

凝析气田气是指从深层气田开采出来的含石油轻质馏分的天然

气。凝析气田气中除含有大量甲烷以外，还含有 2%～5%的戊烷及戊烷以上的碳氢化合物。

2. 非常规天然气

非常规天然气是指受目前技术、经济、条件的限制尚未投入工业开采的天然气资源，包含天然气水合物、煤层气、页岩气、水溶气、浅层生物气及致密砂岩气等。其中天然气水合物、煤层气已得到一定的开采利用。我国非常规天然气资源丰富，在未来将具有巨大的应用前景。

（1）天然气水合物

天然气水合物（Natural Gas Hydrate 或 Gas Hydrates）即"可燃冰"，是天然气与水在一定条件下形成的类冰固态化合物。形成天然气水合物的主要气体为甲烷，在标准状态下，1 单位体积的甲烷水合物最多可结合 164 单位体积的甲烷。在天然气水合物的开采过程中，如何最大限度地减少开采对环境和气候的影响是目前亟须解决的问题。

（2）煤层气

煤层气又称煤层甲烷气，是指煤层在形成过程中经过生物化学和变质作用以吸附或游离状态存在于煤层及固岩中的自储式天然气。煤层气的成分以甲烷为主，含少量的二氧化碳、氮、氢以及烃类化合物。煤层气的开发利用可以防范煤矿瓦斯事故、有效减排温室气体，并可作为一种高效、清洁的城镇燃气气源。我国鼓励煤层气的开采利用，目前，煤层气在我国已得到开采利用，并初步形成产业化发展规模。

（3）页岩气

页岩气是指以吸附或游离状态存在于暗色泥页岩或高碳泥页岩中的天然气。由于页岩气储层的渗透率低，使页岩气的开采难度加大。美国是世界上页岩气勘探开发利用技术较成熟的国家，已经实现了页岩气商业性开发。我国页岩气资源广泛分布于海相盆地和陆相盆地，资源量丰富。

二、液化石油气

液化石油气是指在开采天然气及石油或炼制石油过程中，作为副产品而获得的一部分碳氢化合物，分为天然石油气和炼厂石油气。

目前，我国城镇供应的液化石油气主要来自炼油厂，其主要组分是丙烷（C_3H_8）、丙烯（C_3H_6）、丁烷（C_4H_{10}）和丁烯（C_4H_8），习惯上称 C_3、C_4，即只用烃的碳原子（C）数表示。这些碳氢化合物在常温、常压下呈气态，当压力升高或温度降低时，很容易转变为液态，液化后体积缩小约为原体积的 1/250。

液化石油气中烯烃部分可作为化工原料，而其烷烃部分可用作燃料。由于发展液化石油气投资少、设备简单、供应方式灵活、建设速度快，所以液化石油气供应事业发展很快。

液化石油气属于二次能源，是管输天然气很好的补充气源，在天然气长输管线达不到的城镇，将会广泛采用液化石油气。另外，液化石油气也可以作为汽车燃料。

三、人工燃气

人工燃气也称人工煤气，是指以煤或石油系产品为原料转化制得的可燃气体。按照制气原料、工艺过程和设备的不同，一般可分为干馏煤气、汽化煤气、油制气和高炉煤气等。

目前，作为城镇气源的人工煤气主要有焦炉炼焦副产品的高温干馏煤气和以石脑油为原料的油制气。人工燃气作为城镇气源将逐步被天然气所取代。

1. 干馏煤气

利用焦炉、直立炭化炉等对煤进行干馏所获得的煤气称为干馏煤气。用干馏方式生产煤气，每吨煤可产煤气 300～400 m³。干馏煤气的组分中约含甲烷 20%、氢 60%、一氧化碳 8%。

2. 汽化煤气

煤在高温下与汽化剂（如空气、水蒸气、氧气或混合物）反应汽化所产生的可燃气体。压力汽化煤气、水煤气、发生炉煤气等均为汽化煤气。其主要组分为氢及含量较高的甲烷。在 2.0～3.0 MPa 的压力下，以煤作为原料采用纯氧和水蒸气为汽化剂产生的煤气称为高压汽化煤气。若城市附近有褐煤或长焰煤资源，可生产压力汽化煤气，采气装置可设在煤矿附近（一般为坑口汽化），不需另设压送设备，用管道输送作为城镇燃气使用。

水煤气和发生炉煤气的主要组分为一氧化碳和氢。由于这两种煤气的发热值低，而且毒性大，不可以单独作为城市燃气的气源，但可用来加热焦炉和连续式直立炭化炉，以顶替发热值较高的干馏煤气，增加供应城市使用的气量，也可以和干馏煤气、重油蓄热裂解气掺混，调节供气量和调整燃气发热值，作为城市燃气的调度气源。发生炉煤气还可用作工厂及燃气轮机的燃料。

3. 油 制 气

以石油及其产品为原料（如重油），利用（炼油厂提取汽油、煤油和柴油之后所剩的油品）高温裂解制取的城镇燃气。

按制取方法的不同，可分为重油蓄热裂解气和重油蓄热催化裂解气两种。重油蓄热裂解气以甲烷、乙烷和丙烯为主要组分。重油的产气量为 500～550 m³/t。重油蓄热催化裂解气中氢的含量最多，也含有甲烷和一氧化碳，利用三筒炉催化裂解装置，重油的产气量为 1 200～1 300 m³/t。

生产油制气的设备简单，投资小，占地少，建设速度快，管理人员少、启动、停炉灵活，既可用作城市燃气的基本气源，也可用作城市燃气的调度气源。

4. 高炉煤气

高炉煤气是冶金工厂炼铁时的副产气，主要组分是一氧化碳和氮气。高炉煤气可用作炼焦炉的加热煤气，以取代焦炉煤气，供应城市。高炉煤气也常用作锅炉的燃料或与焦炉煤气掺混用于冶金工厂的加热工艺。

四、生物气

各种有机物质（如蛋白质、纤维素、脂肪、淀粉等），在隔绝空气的条件下发酵，在微生物的作用下产生的可燃气体，称为生物气（沼气）。发酵的原料来源广泛，农作物的秸秆、人畜粪便、垃圾、杂草和落叶等有机物质都可以作为制取生物气的原料，因此生物气属于可再生能源。生物气的组分中甲烷含量约为60%，二氧化碳含量约为35%，此外还含有少量的氢和一氧化碳等气体。工业化生产的人工沼气，可在小范围内供城镇居民和工业用户使用，也可以脱除二氧化碳后，转化为人工天然气大范围使用。

五、二甲醚

二甲醚又称甲醚（DME），在常压下是一种无色气体或压缩液体，具有轻微醚香味，溶于水、醇、乙醚、丙酮及氯仿等多种有机溶剂。易燃，在燃烧时火焰略带光亮；具有惰性，不易自动氧化，无腐蚀性、无致癌性，但在辐射或加热条件下会分解成甲烷、乙烷、甲醛等。

二甲醚的生产方法有一步法和二步法。一步法是指由原料气一次合成为二甲醚；二步法是指先由合成气合成甲醇，再脱水制取二甲醚。

作为一种新兴的基本化工原料，由其良好的易压缩、冷凝、汽化特性，使二甲醚在制药、燃料、农药等化学工业中有许多独特的用途。例如，高纯度的二甲醚可代替氟利昂用作气溶胶喷射剂和制冷剂，以减少对大气环境的污染和臭氧层的破坏。由于其良好的水溶性、油溶性，使其应用范围大大优于丙烷、丁烷等石油化学品。代替甲醇用作甲醛生产的新原料，可以明显降低甲醛生产成本，在大型甲醛装置中更显示出其优越性。作为民用燃料气，其储运、燃烧安全性、预混气热值和理论燃烧温度等性能指标均优于液化石油气，可作为城市管道煤气的调峰气、液化气掺混气，也是柴油发动机的理想燃料，与使用甲醇燃料的汽车相比，不存在汽车冷启动的问题。二甲醚还是未来制取低碳烯烃的主要原料之一。

无论是天然气、液化石油气还是人工煤气，由于产地不同，即使是同一种类燃气的成分和热值也不尽相同，有时区别还可能很大。燃具制造商应按照各类燃气的标准气进行设计和制造，用户也应按此选择燃具。另外，当一种燃气被另一种燃烧特性差别较大的燃气所取代时，除了华白指数，还必须考虑不产生离焰、黄焰、回火及不完全燃烧等现象。因此，有必要对燃气进行进一步细化分类。现行国家标准《城镇燃气分类和基本特性》（GB/T 13611）根据燃气的高华白数和高热值对燃气进行了分类（表1-1），表中所列高华白数和高热值的波动范围是规定的最大允许波动范围，作为城镇燃气气源时应尽量控制在±5%以内。

表 1-1　城镇燃气的类别及特性指标

类别		高华白数 W_h/（MJ/m³)		高热值 H_h/（MJ/m³)	
		标准	范围	标准	范围
人工煤气	3R	13.92	12.65～14.81	11.10	9.99～12.21
	4R	17.53	16.23～19.03	12.69	11.42～13.96
	5R	21.57	19.81～23.17	15.31	13.78～16.85
	6R	25.70	23.85～27.95	17.06	15.36～18.77
	7R	31.00	28.57～33.12	18.38	16.54～20.21
天然气	3T	13.30	12.42～14.41	12.91	11.62～14.20
	4T	17.16	15.77～18.56	16.41	14.77～18.05
	10T	41.52	39.06～44.84	32.24	31.97～35.46
	12T	50.72	45.66～54.77	37.78	31.97～43.57
液化石油气	19Y	76.84	72.86～87.33	95.65	88.52～126.21
	20Y	79.59	72.86～87.33	103.19	88.52～126.21
	22Y	87.33	72.86～87.33	125.81	88.52～126.21
液化石油气混空气	12YK	50.70	45.71～57.29	59.85	53.87～65.84
二甲醚	12E	47.45	46.98～47.45	59.87	59.27～59.87
沼气	6Z	23.14	21.66～25.17	22.22	20.00～24.44

注：1. 燃气类别，以燃气的高华白数按原单位为 kcal/m³ 时的数值，除以 1 000 后取整表示，如 12T，即高华白指数约计为 12 000 kcal/m³ 时的天然气。

2. 3T、4T 为矿井气或混空轻烃燃气，其燃烧特性接近天然气。

3. 10T、12T 天然气包括干井气、油田气、煤层气、页岩气、煤制天然气、生物天然气。

4. 二甲醚应仅用作单一气源，不应掺混使用。

第二节　燃气的基本性质

　　燃气组成中常见的低级烃和某些气体的基本性质见表 1-2 和表 1-3。单一气体在标准状态下的主要特征值见表 1-4。

表 1-2 常见的低级烃的基本性质（273.15 K，101.325 kPa）

气体名称	甲烷	乙烷	乙烯	丙烷	丙烯	正丁烷	异丁烷	正戊烷
分子式	CH_4	C_2H_6	C_2H_4	C_3H_8	C_3H_6	C_4H_{10}	C_4H_8	C_5H_{12}
分子量 M/（kg/kmol）	16.043 0	30.070 0	28.154 0	44.097 0	42.081 0	58.124 0	58.124 0	72.151 0
摩尔容积 $V_{o,M}$/（m³/kmol，标准状态下）	22.362 1	22.187 2	22.256 7	21.936 2	21.990 0	21.503 6	21.597 7	20.891 0
密度 ρ_0（kg/m³，标准状态下）	0.717 4	1.355 3	1.260 5	2.010 2	1.913 6	2.703 0	2.691 2	3.453 7
气体常数 R/[kJ/（kg·k）]	517.1	273.7	284.3	184.5	193.8	137.2	137.8	107.3
临界参数								
临界温度 T_c/K	191.05	305.45	282.95	368.85	364.75	425.95	407.15	470.35
临界压力 P_c/MPa	4.640 7	4.883 9	5.339 8	4.397 5	4.762 3	3.617 3	3.657 8	3.343 7
临界密度 ρ_c/[kg/（N·m³）]	162	210	220	226	232	225	221	232
发热值								
高发热值 H_h/（MJ/m³，标准状态下）	39.842	70.351	63.438	101.266	93.667	133.886	133.048	169.377
低发热值 H_l/（MJ/m³，标准状态下）	35.902	64.397	59.477	93.240	87.667	123.649	122.853	156.733
爆炸极限								
爆炸下限 L_h/%（体积）	5.0	2.9	2.7	2.1	2.0	1.5	1.8	1.4
爆炸上限 L_l/%（体积）	15.0	13.0	34.0	9.5	11.7	8.5	8.5	8.3

续表

气体名称	甲烷	乙烷	乙烯	丙烷	丙烯	正丁烷	异丁烷	正戊烷
			黏度					
动力黏度 $\mu\times10^6/$ (Pa·s)	10.395	8.600	9.316	7.502	7.649	6.835	—	6.355
运动黏度 $\mu\times10^6/$ (m²/s)	14.50	6.41	7.46	3.81	3.99	2.53	—	1.85
无因次系数 C	164	252	225	278	321	377	368	383

注：在常温和293 K条件下，可燃气体在空气中的体积百分数。

表1-3 某些气体的基本性质（273.15 K、101.325 kPa）

气体名称	一氧化碳	氢	氮	氧	二氧化碳	硫化氢	空气	水蒸气
分子式	CO	H_2	N_2	O_2	CO_2	H_2S	—	H_2O
分子量 $M/$ (kg/kmol)	28.010 4	2.016 0	28.013 4	31.998 8	44.009 8	34.076 0	28.966 0	18.015 4
摩尔容积 $V_{0, M}/$ (m³/kmol, 标准状态下)	22.398 4	22.427 0	22.403 0	22.392 3	22.260 1	22.180 2	—	21.629 0
密度 $\rho_0/$ (kg/m³, 标准状态下)	1.250 6	0.089 9	1.250 4	1.429 1	1.977 1	1.536 3	1.293 1	0.833 0
气体常数 $R/$[kJ/ (kg·k)]	296.630	412.664	296.660	259.585	188.740	241.450	286.867	445.357
临界参数								
临界温度 T_c/K	133.0	33.3	126.2	154.8	304.2	—	132.5	647.3

续表

气体名称	一氧化碳	氢	氮	氧	二氧化碳	硫化氢	空气	水蒸气
临界压力 P_c/Mpa	3.495 7	1.297 0	3.394 4	5.076 4	7.386 6	—	3.766 3	22.119 3
临界密度 ρ_c/[kg/(N·m³)]	300.86	31.015	310.91	430.09	468.19	—	320.07	321.70
发热值 高发热值 H_h/(MJ/m³, 标准状态下)	12.636	12.745	—	—	—	25.348	—	—
发热值 低发热值 H_l/(MJ/m³, 标准状态下)	12.636	10.786	—	—	—	23.368	—	—
爆炸极限 爆炸下限 L_h/%（体积）	12.5	4.0	—	—	—	4.3	—	—
爆炸极限 爆炸上限 L_l/%（体积）	74.2	75.9	—	—	—	45.5	—	—
黏度 动力黏度 $\mu \times 10^6$/(Pa·s)	16.573	8.355	16.671	19.417	14.023	11.670	17.162	8.434
黏度 运动黏度 $\mu \times 10^6$/(m²/s)	13.30	93.00	13.30	13.60	7.09	7.63	13.40	10.12
无因次系数 C	104.0	81.7	112.0	131.0	266.0	45.5	122.0	—

注：在常压和 293 K 条件下，可燃气体在空气中的体积百分数。

表 1-4 单一气体在标准状态下的主要特征值

气体名称	分子式	分子量 M	密度 ρ/(kg/m³,标准状态下)	相对密度 S(空气=1)	熔点 ℃	沸点 ℃	定压比热 C_p/[kJ/(m³,标准状态下)]	绝热指数 K	临界压力 P_0/MPa	临界温度 T_0/K	临界比容 U_0/(m³/kmol)	临界压压缩系数 Z_0	导热系数 λ/[kJ/(m·h·℃)]	运动黏度 μ×10⁶/(m²/s)	动力黏度 μ×10⁶/(Pa·s)
氢	H_2	2.0160	0.0899	0.0695	-259.18	-252.75	1.298	1.407	1.297	33.3	0.06650	0.304	0.779	93.00	8.355
一氧化碳	CO	28.0104	1.2506	0.9671	-205	-191.48	1.302	1.403	3.496	133.0	0.09311	0.294	0.083	13.80	16.573
甲烷	CH_4	16.0430	0.7174	0.5548	-182.5	-161.49	1.545	1.369	4.641	190.7	0.09995	0.290	0.084	14.50	10.395
乙炔	C_2H_2	26.0380	1.17909	0.9057	-81	-84	1.909	1.269	—	—	—	—	0.067	8.05	9.414
乙烯	C_2H_4	28.0540	1.2605	0.9748	-169.4	-103.9	1.888	1.258	5.117	283.1	0.124	0.270	0.059	7.46	9.316
乙烷	C_2H_6	30.0700	1.3553	1.048	-172	-88.3	2.244	1.198	4.884	305.4	0.148	0.285	0.054	6.41	8.600
丙烯	C_3H_6	42.0310	1.9136	1.479	-185.2	-47.7	2.675	1.170	4.600	305.4	0.181	0.274	—	3.99	7.649
丙烷	C_3H_8	44.0970	2.0102	1.554	-189.9	-42.17	2.960	1.161	4.256	365.1	0.200	0.277	0.054	3.81	7.502
丁烯	C_4H_8	55.1080	2.5968	2.008	-139.0	-6	—	1.146	—	—	—	—	—	2.81	7.326
正丁烷	$n\text{-}C_4H_{10}$	58.1240	2.7030	2.090	-135	-0.5	3.710	1.144	3.800	425.2	0.255	0.274	0.049	2.53	6.835
异丁烷	$i\text{-}C_4H_{10}$	58.1240	2.6912	2.081	-145	-11.73	—	1.144	3.648	408.1	0.263	0.283	—	—	—
戊烯	C_5H_{10}	70.1350	3.3055	2.556	-165.22	29.97	—	—	—	—	—	—	—	1.99	6.561
正戊烷	C_5H_{12}	72.1510	3.4537	2.671	-129.7	36.1	3.266	1.120	3.374	469.5	0.311	0.269	—	1.85	6.355
苯	C_6H_6	78.1140	3.8365	2.967	5.533	80.10	—	1.120	—	—	—	—	0.032	1.82	6.982
硫化氢	H_2S	34.0760	1.5363	1.188	-82.9	-61.8	1.557	1.320	—	—	—	—	0.047	7.63	11.670

续表

气体名称	分子式	分子量 M	密度 ρ/ (kg/m³, 标准状态下)	相对密度 S (空气=1)	熔点 ℃	沸点 ℃	定压比热 C_p/ (kJ/ m³, 标准状态下)	绝热指数 K	临界压力 P_k/MPa	临界温度 T_k/K	临界比容 U_k/ (m³/ kmol)	临界压缩系数 Z_k	导热系数 λ/[kJ/ (m·h·℃)]	运动黏度 μ×10⁶/ (m²/s)	动力黏度 μ×10⁶/ (Pa·s)
二氧化碳	CO_2	44.009 8	1.977 1	1.528 9	−56.6 (0.53 MPa)	−78.2 (升华)	1.620	1.304	7.387	304.2	0.094 0	0.274	0.049	7.09	14.023
二氧化硫	SO_2	64.059 0	2.927 5	2.264	−75.5	−10.8	1.779	1.272	—	—	—	—	—	4.14	12.062
氧	O_2	31.998 8	1.429 1	1.105 2	−218.4	−182.98	1.315	1.400	5.076	154.8	0.074 4	0.292	0.090	13.60	19.417
氮	N_2	28.013 4	1.250 4	0.967 0	−208.9	−159.78	1.302	1.402	3.394	126.2	0.090 1	0.297	0.090	13.30	16.671
氨	NH_3	17.031 0	0.771 4	0.696 7	−77.7	−33.4	0.380	1.330	11.288	405.55	—	0.242	0.078	12.0	9.140
二氧化氮	NO_2	46.010 0	—	—	−9.3	−21.2	—	—	10.133	431.35	—	—	0.144	—	—
空气	—	28.966 0	1.293 1	1.000	—	−192	1.306	1.401	3.766	132.5	0.090 5	—	0.090	13.40	17.162
水蒸气	H_2O	18.015 4	0.833	0.644	—	—	1.491	1.335	22.119	6.7	0.056	0.230	0.058	10.12	8.434

一、燃气的平均分子量

燃气是多种气体的混合物，压缩时变成混合液体，通常将燃气的总质量与燃气的摩尔数之比称为平均分子量。

$$M=m/n \quad\quad\quad (1\text{-}1)$$

式中，M——燃气的平均分子量，kg/kmol；

m——燃气的总质量，kg；

n——燃气的总摩尔数，kmol。

1. 混合气体的平均分子量

$$M=\sum y_i M_i = y_1 M_1 + y_2 M_2 + \cdots + y_n M_n \quad\quad (1\text{-}2)$$

式中，M——混合气体的平均分子量，kg/kmol；

y_1，y_2，$\cdots$，y_n——混合气体中各组分的摩尔数（气体的摩尔分数与体积分数数值相等）；

M_1，M_2，$\cdots$，M_n——混合气体中各组分的分子量，kg/kmol。

2. 混合液体的平均分子量

$$M=\sum x_i M_i = x_1 M_1 + x_2 M_2 + \cdots + x_n M_n \quad\quad (1\text{-}3)$$

式中，M——混合液体的平均分子量，kg/kmol；

x_1，x_2，$\cdots$，x_n——混合液体中各组分的摩尔数；

M_1，M_2，$\cdots$，M_n——混合液体中各组分的分子量，kg/kmol。

二、燃气的平均密度、比容、相对密度

1. 燃气的平均密度

单位容积的燃气所具有的质量称为燃气平均密度，其单位为 kg/m^3

或 kg/m³（标准状态下）。燃气平均密度可用式（1-4）、式（1-5）计算：

$$\rho=m/V \tag{1-4}$$

或

$$\rho=M/V_M \tag{1-5}$$

式中，ρ——燃气平均密度，kg/m³；

　　　m——燃气总质量，kg；

　　　V——燃气的容积，m³；

　　　V_M——燃气的平均摩尔容积，m³/kmol（标准状态下）；

　　　M——燃气的平均摩尔质量，kg/kmol。

燃气平均密度可用各组分的密度与其摩尔分率乘积的总和求得。

混合气体的平均密度还可以根据混合气体中各组分的密度与体积分数计算：

$$\rho=\sum y_i\rho_{0,i}=y_1\rho_{0,1}+y_2\rho_{0,2}+...+y_n\rho_{0,n} \tag{1-6}$$

式中，ρ——混合气体的平均密度，kg/m³（标准状态下）；

　　　$\rho_{0,1}$，$\rho_{0,2}$，$\cdots$，$\rho_{0,n}$——标准状态下混合气体中各组分的摩尔体积；

　　　y_1，y_2，$\cdots$，y_n——混合气体中各组分的摩尔数。

2. 燃气的比容

单位质量燃气所具有的容积称为比容，即

$$v=V/m \tag{1-7}$$

式中，v——燃气的比容，m³/kg 或 m³/kg（标准状态下）。

燃气的比容与平均密度关系为

$$\rho v=1 \tag{1-8}$$

即燃气的比容和密度互为倒数。

3. 燃气的相对密度

燃气的平均密度与相同状态下的空气平均密度之比值称为燃气

的相对密度。

$$S=\rho_0/1.293\ 1 \tag{1-9}$$

式中，S——燃气的相对密度；

   ρ_0——标准状态下燃气的平均密度，kg/m³（标准状态下）；

   1.293 1——标准状态下空气的平均密度，kg/m³（标准状态下）。

或 $$S=M/1.293\ 1\ V_M \tag{1-10}$$

式中，M——燃气平均分子量（平均摩尔质量），kg/kmol；

   V_M——标准状态下燃气的平均摩尔容积，m³/kmol（标准状态下）。

几种燃气在标准状态下的密度（平均密度）和相对密度（平均相对密度）见表 1-5：

表 1-5　几种燃气的密度和相对密度

燃气种类	密度/（kg/m³）（标准状态下）	相对密度
天然气	0.75～0.8	0.58～0.62
焦炉煤气	0.4～0.5	0.3～0.4
气态液化石油气	1.9～2.5	1.5～2.0

由表 1-5 可知，天然气、焦炉煤气都比空气轻，而气态液化石油气比空气重约 1 倍。在常温环境下，气态液化石油气的密度是 500 kg/m³ 左右，约为水的一半。

三、临界参数

温度不超过某一数值，对气体进行加压，可以使气体液化，而在该温度以上，无论加多大压力都不能使气体液化，这个温度就称为该气体的临界温度。在临界温度下，使气体液化所需的压力称为临界压力；此时的比容称为临界比容；上述参数统称为临界参数。

临界参数是气体的重要物性数据，一些单一气体的临界参数见

表 1-4。

气体临界温度越高，越易于液化。天然气主要成分甲烷的临界温度低，故天然气较难液化；而组成液化石油气的碳氢化合物的临界温度较高，故较容易液化。气体温度比临界温度越低，液化所需压力越小。

四、黏度

燃气是有黏滞性的，这种特性称为黏度。黏度是气体或液体内部摩擦引起的阻力。包括动力黏度和运动黏度，当气体内部有相对运动时，就会因为摩擦产生内部阻力。黏度越大，阻力越大，气体流动就越困难。

气体的黏度随温度的升高而增加，而液体的黏度则随温度的升高而降低。对于燃气而言，其分子间吸引力很小，温度升高体积膨胀，对分子间吸引力的影响不大，但增大了气体分子的运动速度，因此气体层间做相对运动时产生的内摩擦力就增大，即黏度增大。

五、饱和蒸气压

液体的饱和蒸气压简称蒸气压，即在一定温度下密闭容器中的纯液体及其蒸气处于动态平衡时蒸气所表示的绝对压力。

蒸气压与密闭容器的大小及液体的量无关，仅取决于温度，蒸气压随温度升高而增大，见表 1-6。

表 1-6　不同温度下部分液态烃的饱和蒸气压

温度/ ℃	饱和蒸气压/MPa						
	乙烷	乙烯	丙烷	丙烯	正丁烷	异丁烷	1-丁烯
−40	0.792	1.47	0.114	0.15	—	—	0.023

续表

温度/°C	饱和蒸气压/MPa						
	乙烷	乙烯	丙烷	丙烯	正丁烷	异丁烷	1-丁烯
−35	—	1.65	0.143	0.18			0.028
−30	1.085	1.88	0.171	0.21	—	0.054 7	0.033
−25	—	2.18	0.208	0.25		0.061 2	0.036
−20	1.446	2.56	0.248	0.31	—	0.074 2	0.056
−15	—	2.91	0.295	0.38	0.057 8	0.092 0	0.074
−10	1.891	3.34	0.349	0.45	0.081 2	0.112 0	0.095
−5	—	3.79	0.414	0.52	0.097 6	0.138 0	0.113
0	2.433	4.29	0.482	0.61	0.117 0	0.162 9	0.139
5	—	—	0.556	0.70	0.141 0	0.196 2	0.165
10	3.079		0.646	0.79	0.167 5	0.229 0	0.190
15	—	—	0.741	0.88	0.200 6	0.258 2	0.215
20			0.846	0.97	0.234 8	0.311 5	0.262
25	—	—	0.967	1.11	0.274 4	0.362 0	0.302
30	4.736		1.093	1.32	0.320 2	0.418 0	0.366
35	—	—	1.231	1.51	0.367 0	0.480 0	0.439
40	—	—	1.396	1.68	0.416 0	0.551 0	0.497

根据道尔顿分压定律，混合液体的蒸气压等于各组分蒸气分压之和。根据拉乌尔定律，在一定温度下，当液体与蒸气处于平衡状态时，混合液体上方各组分的蒸气分压等于此纯组分在该温度下的蒸气压乘以其在混合液体中的摩尔分数。

六、沸点和露点

1. 沸点

通常所说的沸点是指 101.325 kPa 压力下液体沸腾汽化时的温

度。一些低级烃的沸点见表 1-7。

表 1-7　一些低级烃的沸点

液体名称	甲烷	乙烷	丙烷	正丁烷	异丁烷	正戊烷	异戊烷	新戊烷	乙烯	丙烯
101.325 kPa 压力下的沸点/℃	−162.6	−88.5	−42.1	−0.5	−10.2	36.2	27.85	9.5	−103.7	−47

由表 1-7 可知，丙烷在 101.325 kPa 压力下，−42.1℃时就处于沸腾状态，而正丁烷在 101.325 kPa 压力下，−0.5℃时才处于沸腾状态。因此冬季当液化石油气容器设置在 0℃以下的地方时，应该使用沸点低的丙烷、丙烯组分高的液化石油气。因为丙烷、丙烯在寒冷的地区或寒冷季节也可以汽化。

2. 露点

饱和蒸气经冷却或加压，立即处于过饱和状态，当遇到接触面或凝结核便液化成露，这时的温度称为露点。

对于气态碳氢化合物，饱和蒸气压相应的温度就是露点；单一的气态碳氢化合物在某一蒸气压时的露点就是其液体在同一压力时的沸点。

碳氢化合物混合气体的露点与其组分及总压力有关。露点随混合气体的压力及各组分的体积分数变化，混合气体的压力增大，露点升高。

当用管道输送气体碳氢化合物时，必须保持其温度在露点以上，以防凝结，阻碍输气。

七、体积膨胀

燃气的体积会随温度的变化而变化。

液态碳氢化合物的体积膨胀系数约比水大 16 倍。在灌装容器时必须考虑由温度变化引起的体积增大，留出必需的气相容积空间。

一些液态碳氢化合物的体积膨胀系数见表 1-8。

表 1-8　一些液态碳氢化合物的体积膨胀系数

液体名称	15℃时的体积膨胀系数	一定温度范围内的体积膨胀系数平均值	
		−20～10℃	10～40℃
丙烷	0.003 06	0.002 90	0.003 72
丙烯	0.002 94	0.002 80	0.003 68
丁烷	0.002 12	0.002 09	0.002 20
丁烯	0.002 03	0.001 94	0.002 10
水	0.000 19	—	—

液态碳氢化合物的体积膨胀可根据体积膨胀系数计算。

1）对于单一液体：

$$V_2 = V_1[1 + \beta(t_2 - t_1)] \tag{1-11}$$

式中，V_1——温度为 t_1 时的液体体积；

　　　V_2——温度为 t_2 时的液体体积；

　　　β——t_1 至 t_2 温度范围内的体积膨胀系数平均值。

2）对于混合液体：

$$V_2' = V_1'k_1[1 + \beta_1(t_2 - t_1)] + V_1'k_2[1 + \beta_2(t_2 - t_1)] + \cdots + V_1'k_n[1 + \beta_n(t_2 - t_1)] \tag{1-12}$$

式中，V_1'，V_2'——温度为 t_1、t_2 时的混合液体的体积；

　　　k_1，k_2，$\cdots$，k_n——温度为 t_1 时混合液体各组分的体积分数；

　　　β_1，β_2，$\cdots$，β_n——各组分 t_1 至 t_2 温度范围内的体积膨胀系数平均值。

八、含湿量

1 m³（标准状态下）（或 1 kg）干燃气中所含有的水蒸气质量称为

燃气的含湿量（d），单位为（kg 水蒸气/kg 干燃气）或（kg 水蒸气/ m^3 干燃气），工程中常用后者。

干燃气与湿燃气的密度之间换算可按式（1-13）进行：

$$\rho_0^w = (\rho_0 + d)\,0.833/(0.833 + d) \qquad (1\text{-}13)$$

式中，ρ_0^w——标准状态下湿燃气密度，kg/m^3；

ρ_0——标准状态下干燃气密度，kg/m^3；

d——燃气的含湿量，kg/m^3（标准状态下）干燃气；

0.833——水蒸气密度，kg/m^3（标准状态下）。

燃气中所含水蒸气的多少还可用绝对湿度或相对湿度表示。

每 $1m^3$ 湿燃气中所含水蒸气的质量称为燃气的绝对湿度，其数值等于水蒸气在其分压力与温度下的密度 ρ_2o。

燃气中水蒸气的实际含量对相同温度下最大可能含量的接近程度称为燃气的相对湿度。相对湿度反映了湿燃气中水蒸气含量接近饱和的程度，故也称为饱和度，相对湿度值越小，湿燃气吸收水的能力越强。

九、水合物

如果烃类气体中的水分超过一定含量，在一定压力条件下，水能与液态或气态的 C_1、C_2、C_3 和 C_4 生成结晶水合物 $C_mH_nxH_2O$（对于甲烷，$x=6\sim7$；对于乙烷，$x=6$；对于丙烷及异丁烷，$x=17$）。水合物在聚集状态下是白色或带铁锈色的疏松结晶体，一般水合物类似于冰或致密的雪，若在输气管道中生成，会缩小管路的流通截面积，造成管路、阀件和设备的堵塞。另外，在地球的深海和永久冻土层下存在大量的甲烷水合物，而水合物是不稳定的，在低压或高温条件下易分解为烃类气体和水。

在含湿烃类气体中形成水合物的主要条件是压力和温度；次要条

件是含有杂质、高速、紊流、脉动（如由活塞式压缩机引起的）和急剧转弯等因素。

为防止水合物的形成或分解已形成的水合物有以下 2 种方法：

1）降低压力、升高温度或加入可以使水合物分解的反应剂（防冻剂）。最常用作分解水合物结晶的反应剂是甲醇（木精），其分子式为 CH_3OH。此外，还用甘醇（乙二醇）（CH_3CH_2OH）、二甘醇、三甘醇、四甘醇作为反应剂。

2）对含湿烃类气体脱水，使其中水分含量降低到不致形成水合物的程度。为此要使露点降到低于输气管道工作温度 5～7℃，这样就使得在输气管道的最低温度下，气体的相对湿度接近 60%。

十、燃气热值

燃气热值是指单位数量（1 kmol、1 Nm³ 或 1 kg）燃气完全燃烧时所放出的全部热量，单位分别为 kJ/kmol、kJ/Nm³、kJ/kg。燃气工程中常用 kJ/Nm³，液化石油气有时用 kJ/kg。

燃气热值可分为高热值和低热值。高热值是指单位数量的燃气完全燃烧后，其燃烧产物和周围环境恢复至燃烧前温度，而其中的水蒸气被凝结成相同温度的水后放出的全部热量。低热值是指单位数量燃气完全燃烧后，其燃烧产物和周围环境恢复至燃烧前温度，而不计其中水蒸气凝结热时所放出的热量。

燃烧产物中的水蒸气通常以气体状态排出，因此在实际工程中常用燃气的低热值进行计算。

十一、燃气的汽化潜热

单位数量物质由液态变成与之处于平衡状态的蒸气时所吸收的

热量为该物质的汽化潜热。反之，由蒸气变成与之处于平衡状态的液体时所释放出的热量为该物质的凝结热。同一物质，在同一状态时汽化潜热与凝结热是同一值，其实质为饱和蒸气与饱和液体的焓差，单位为 kJ/kg 或 kJ/kmol。

燃气中常见的组分在 0.1 MPa 压力下，沸点时的汽化潜热值见表 1-9。

表 1-9　液态碳氢化合物的汽化潜热值

物质	分子式	沸点	汽化潜热	
			kJ/kg	kJ/kmol
一氧化碳	CO	−191	215.2	6 029
二氧化碳	CO_2	−72.8	369.1	16 244.8
氢	H_2	−252.75	448.6	904.3
水	H_2O	0	2 260.9	40 733.4
硫化氢	H_2S	−61.8	548.4	18 685.7
氮	N_2	−195.78	199.7	5 593.6
氨	NH_3	−33.4	1 372.0	23 366.5
氧	O_2	−182.98	213.1	6 820.3
二氧化硫	SO_2	—	389.5	24 953.3
甲烷	CH_4	−161.49	510.8	8 164.3
乙烷	C_2H_6	−88.3	485.7	15 072.5
乙烯	C_2H_4	−103.9	481.5	15 114.3
乙炔	C_2H_2	−84	686.6	17 877.6
丙烯	C_3H_6	−47.7	439.6	18 421.9
异丁烷	$n\text{-}C_4H_{10}$	−11.73	366.3	21 440.6
正丁烷	$i\text{-}C_4H_{10}$	−0.5	383.5	21 222.9
1-丁烯	C_4H_8	−6	391.0	21 855.1
丁二烯	C_4H_6	−11.73	416.2	22 600.3
正戊烷	C_5H_{12}	36.1	355.9	25 455.7

续表

物质	分子式	沸点	汽化潜热	
			kJ/kg	kJ/kmol
环戊烷	C_5H_{10}	—	378.3	27 297.9
苯	C_6H_6	—	405.7	30 831.6
丙烷	C_3H_8	−42.1	422.9	18 786.2

十二、着火温度和爆炸浓度极限

1. 着火温度

燃气开始燃烧时的温度称为着火温度，又称燃点，不同可燃气体的着火温度不同。单一可燃气体在常压 293.15 K 的爆炸极限及着火温度见表 1-10，在纯氧中的着火温度比在空气中的数值低 50～100℃。

表 1-10 各单一可燃气体在常压 293.15 K 的爆炸极限及着火温度

气体名称	爆炸极限[293.15 K（上/下）空气中体积]/%	着火温度 T/K	理论空气量和耗氧量/[m³/m³（标准状态下）]		理论烟气量/[m³/m³（标准状态下）]				热值/[kJ/m³（标准状态下）]	
			空气	氧	CO_2	H_2O	N_2	V_1	H_p	H_1
氢	75.9/4.0	673	2.38	0.5	—	1.0	1.88	2.88	12 745	10 785
一氧化碳	74.2/12.5	878	2.38	0.5	1.0	—	1.88	2.88	12 636	12 636
甲烷	15.0/5.0	813	9.52	2.0	1.0	2.0	7.52	10.52	39 817	35 881
乙炔	80.0/2.5	612	11.9	2.5	2.0	1.0	9.40	12.40	58 465	56 451
乙烯	34.0/2.7	698	14.28	3.0	2.0	2.0	11.28	15.28	63 397	59 440
乙烷	13.0/2.9	788	16.66	3.5	2.0	3.0	13.16	18.16	70 305	64 355
丙烯	11.7/2.0	733	21.42	4.5	3.0	3.0	16.92	22.92	93 609	87 609
丙烷	9.5/2.1	723	23.80	5.0	3.0	4.0	18.80	25.80	101 203	93 181

续表

气体名称	爆炸极限[293.15 K（上/下）空气中体积]/%	着火温度 T/K	理论空气量和耗氧量/[m³/m³（标准状态下）]		理论烟气量/[m³/m³（标准状态下）]				热值/[kJ/m³（标准状态下）]	
			空气	氧	CO_2	H_2O	N_2	V_1	H_p	H_1
丁烯	10.0/1.6	658	28.56	6.0	4.0	4.0	22.56	30.56	125 763	117 616
丁烷	8.5/1.5	638	30.94	6.5	4.0	5.0	24.44	33.44	133 798	123 565
戊烯	8.7/1.4	563	35.70	7.5	5.0	5.0	28.20	36.20	159 107	148 736
戊烷	8.3/1.4	533	38.08	8.0	5.0	6.0	30.08	41.08	169 264	156 628
苯	8.0/1.2	833	35.7	7.5	6.0	3.0	28.20	37.20	162 151	155 665
硫化氢	15.5/4.3	543	7.14	1.5	1.0	1.0	5.64	7.64	25 347	23 367

2. 爆炸浓度极限

燃气的爆炸浓度极限是燃气的重要性质之一，因为当燃气和空气（或氧气）混合达到一定比例时，就会形成具有爆炸危险的混合气体。该气体与火焰接触时，即形成爆炸。但是并非任何比例的燃气—空气混合气体都会发生爆炸，只有当燃气—空气混合气体中可燃气体的浓度达到一定范围时，气体才会发生爆炸，此范围是从爆炸下限的某一最小值到爆炸上限的某一最大值。

混合气体的爆炸极限取决于组成气体的爆炸极限及其摩尔分数率。各单一混合气体在常压 293.15 K 的爆炸极限见表 1-11。

表 1-11 各单一混合气体在常压 293.15 K 的爆炸极限

混合气体名称	爆炸极限（空气中体积）/%	
	上限	下限
炼焦煤气	35.8	4.5
直立炉煤气	40.9	4.9
水煤气	70.4	6.2

续表

混合气体名称	爆炸极限（空气中体积）/%	
	上限	下限
催化油制气	42.9	4.7
热裂油制气	25.7	3.7
纯天然气	15.0	5.0
石油伴生气	14.2	4.2
矿井气	—	—
液化石油气	9.7	1.7
人工沼气（CH 约60%，CO 约40%）	24.4	8.8

第三节　城镇燃气的质量要求及加臭

城镇燃气在进入输配管网和供给用户前，都应满足热值相对稳定、毒性小和杂质少等基本要求，并且达到一定的质量指标，这对保障城镇燃气系统和用户用气的安全、减少管道腐蚀与堵塞以及降低对环境的污染等都具有重要意义。

一、人工煤气与天然气中的主要杂质及质量要求

1. 人工煤气与天然气中的主要杂质

（1）焦油与尘粒

焦油与尘粒的主要危害是影响燃气的正常输送与使用。天然气中的尘粒是因管道腐蚀而产生的氧化铁尘粒，在输送天然气的过程中由尘粒引起的故障，多发生在远离气源的用户端。人工煤气中通常含有焦油和尘粒，含量较高时，所引起的故障多发生在煤气厂内部或离煤

气厂不远的厂外管道内。

（2）萘

人工煤气特别是干馏煤气中含萘较多。人工煤气在管道输送的过程中温度逐渐下降。当煤气中的含萘量大于煤气温度相应的饱和含萘量时，过饱和部分的气态萘以结晶状态析出，沉积于管内而使管道流通截面减小，甚至堵塞，造成供气中断。萘的堵塞会因焦油和尘粒的存在而加剧。

（3）硫化物

燃气中的硫化物分为无机硫和有机硫。无机硫是指硫化氢（H_2S），有机硫有二硫化碳（CS_2）、硫化碳（COS）、硫醇（CH_3SH、C_2H_5SH）、硫醚（CH_3SCH_3）等。燃气中的硫化物90%～95%为无机硫。

硫化氢及其氧化物二氧化硫（SO_2）都具有强烈的刺鼻气味，对眼黏膜和呼吸道有损害作用。空气中硫化氢浓度大于910 mg/m^3（约0.06%体积分数）时，人吸入1 h就会严重中毒。当空气中含有浓度大于0.05%（体积分数）二氧化硫时，短时间吸入，人的生命就会有危险。

硫化氢又是一种活性腐蚀剂。在高压、高温环境以及在燃气中含有水分时，腐蚀作用都会加剧。燃气中的二氧化碳及氧也是腐蚀剂，当它们与硫化氢同时存在时，对管道和设备更为有害。燃气输配系统中硫化氢的腐蚀分为两种，一种是硫化氢和氧在干燥的钢管内壁发生缓慢的腐蚀作用；另一种是在管内壁形成一层水膜，即使硫化氢含量不大，金属的腐蚀速度也很快，而硫化氢和氧的浓度越高，腐蚀越加剧。硫化氢的燃烧产物二氧化硫也具有腐蚀性。

有机硫对燃气用具的腐蚀有两种情况，一种是燃气在燃具内部与高温金属表面接触后，有机硫分解生成硫化氢造成腐蚀；另一种是在燃气燃烧后生成二氧化硫和三氧化硫造成腐蚀。前者常发生在点火器、火孔等高温部位，由于腐蚀物的堵塞引起点火不良等故障。后者因二氧化硫溶于燃烧产物中的水分，并在设备低温部位的金属表面冷凝下来而发生腐蚀。

（4）氨

高温干馏煤气中含有氨。氨能腐蚀燃气管道、设备及燃气用具。燃烧时产生 NO、NO_2 等有害气体，影响人体健康，并污染环境。然而氨能对硫化物产生的酸性物质起中和作用，所以城镇燃气输配系统中含有微量的氨，对保护金属又是有利的。

（5）一氧化碳

一氧化碳是无色、无味、有剧毒的气体，通常在人工煤气中含有一氧化碳。空气中一氧化碳的浓度达到 0.1%（体积分数）时，人吸入 1 h 会引起头痛和呕吐；一氧化碳的含量达到 0.5%（体积分数）时，人呼吸 20～30 min 就会危及生命。

（6）氧化氮

燃烧产物中的氧化氮对人体有害，空气中氧化氮的浓度达到 0.01%（体积分数）时，短时间吸入后，支气管将受刺激，长时间吸入会危及生命。

燃气中的一氧化氮与氧生成二氧化氮，后者与燃气中的二烯烃特别是丁二烯及环戊二烯等具有共轭双键的烃类反应，再经聚合形成气态胶质，因此也称为 NO 胶质，易沉积于流速及流向变化的地方，或附着于输气设备及燃具，引起各种故障。从燃气厂输出的燃气中即使只含有 0.114 g/m^3 的 NO 胶质，在管道末端也会出现胶质的沉积现象。每立方米燃气中 NO 胶质达数十毫克时，将会沉积在压缩机的叶轮和中间冷却器的管壁上，使压送能力急剧降低，而且使用很短时间就需要拆卸管道清除。若 NO 胶质附着在调压器内，则会使调压器动作失灵，造成不良的后果。

（7）水

水和水蒸气与燃气中的烃类气体会生成固态水合物，造成管道、设备及仪表等的堵塞。液态水会加剧硫化氢和二氧化碳等酸性气体对金属管道及设备的腐蚀，特别是水蒸气在管道和管件内表面冷凝时形成水膜，造成的腐蚀更为严重。

2. 对人工煤气与天然气的质量要求

人工煤气的质量技术指标应符合现行国家标准《人工煤气》（GB/T 13612）的规定。

管输天然气的质量技术指标应符合现行国家标准《天然气》（GB 17820）中一类气或二类气的规定。

压缩天然气加气站进站天然气的质量应符合前述管输天然气质量标准中二类气质量标准，增压后进入储气装置及出站的压缩天然气质量必须符合现行国家标准《车用压缩天然气》（GB 18047）的规定。

二、液化石油气中的主要杂质及质量要求

1. 液化石油气中的主要杂质

（1）硫分

液化石油气中如含有硫化氢和有机硫化物，会造成运输、储存和汽化设备的腐蚀。硫化氢的燃烧产物 SO_2，也是强腐蚀性气体。

（2）水分

水和水蒸气与液态或气态的 C_2、C_3 和 C_4 会生成结晶水合物。若在液化石油容器底部形成水合物会造成容器与吹扫管、排液管及液位计的接口管堵塞。液化石油气中的水蒸气也能加剧 O_2、H_2S 和 SO_2 对管道、阀件及燃气用具的腐蚀。

由于水分具有上述危害，所以通常要求液化石油气中不含水分。

（3）二烯烃

从炼油厂获得的液化石油气中，可能含有二烯烃，它会聚合成分子量高达 $4×10^5$ 的橡胶状固体聚合物。在气体中，当温度达到 60～

75℃时即开始强烈的聚合。在液态碳氢化合物中，丁二烯的强烈聚合反应在 40～60℃时就会开始。

当汽化含有二烯烃的液化石油气时，在汽化装置的加热面上，可能生成固体聚合物，使汽化装置在很短时间内就不能正常工作。

（4）乙烷和乙烯

由于乙烷和乙烯的饱和蒸气压总是高于丙烷和丙烯的饱和蒸气压，而液化石油气的容器多是按纯丙烷设计的，液化石油气中乙烷和乙烯含量应予以限制。

（5）残液

C_5 和 C_6 以上的组分沸点较高，在常温下不能汽化而留存在容器内，故称为残液。残液量多会增加用户更换气瓶的次数，增加运输量，因而对其含量应加以限制。

2. 对液化石油气的质量要求

民用及工业用液化石油气质量技术指标应符合现行国家标准《油气田液化石油气》（GB 9052.1）或《液化石油气》（GB 11174）的规定。

液化石油气作为车用燃料使用时，应严格控制烯烃与二烯烃的含量，防止聚合现象的发生。车用液化石油气应满足现行国家标准《车用液化石油气》（GB 19159）的相关规定。

三、城镇燃气的加臭

城镇燃气有易燃易爆的特性，其中人工煤气因含有一氧化碳而具有毒性。燃气管道及设备在施工和维护过程中如果存在质量问题或使用不当，容易漏气，引起爆炸、着火和人身中毒的危险。城市燃气中应具有可以察觉的臭味，无臭味或臭味不足的燃气应加臭，其加臭程度应符合以下要求。

1. 燃气中含臭剂量的要求

1) 无毒燃气（一般指不含一氧化碳、氰化氢等有毒成分的气体）泄漏到空气中，达到爆炸下限的20%浓度时，应能察觉。

2) 有毒燃气（一般指含一氧化碳、氰化氢等有毒成分的气体）泄漏到空气中，达到人体允许的有害浓度之前，应能察觉。

对于含一氧化碳的燃气，空气中一氧化碳含量达到0.02%（体积分数）时，应能察觉。

2. 臭味剂的选择原则

1) 使用浓度范围内对人体无毒。

2) 具有极难闻的臭味，且与一般气体气味有明显的区别，如汽油味、厨房散发的油味和化妆品散发的气味等。

3) 能完全燃烧，燃烧后不生成有害或有臭味的物质。

4) 有适当的挥发性。

5) 不易腐蚀燃气管道或燃具。

6) 难溶于水，易于操作，价格低廉。

3. 常用臭味剂与加臭程度

常用的臭味剂为四氢噻吩、硫醇、硫醚等有机硫化物。

国际上，加臭程度是以气味强度等级来衡量的，气味强度一般可划分为7个等级（表1-12）。

表 1-12　气味强度等级的划分

气味强度等级	感觉	附注
0	无气味	—
0.5	非常微弱的气味	气味察觉下限
1	微弱的气味	—
2	中等气味	警戒气味等级

续表

气味强度等级	感觉	附注
3	强烈气味	—
4	非常强烈气味	—
5	最大气味	气味察觉上限

天然气在空气中含量为1%时，其气味达到中等警戒浓度（其气味强度等级至少达到2级）（表1-13、表1-14）。

表 1-13　计算最低加臭浓度的 K 值

加臭剂	K 值/（mg/m³）
四氢噻吩（THT）	0.08
硫醇（TBM）	0.03
无硫加臭剂（S-Free）	0.07

表 1-14　常见无毒燃气的加臭剂管网起始端用量

燃气种类	加臭剂用量/（mg/m³）		
	四氢噻吩	硫醇	无硫加臭剂
天然气	20	4～8	15～18
液化石油气（C_3 和 C_4 各占一半）	50	—	—
液化石油气与空气的混合气（液化石油气：空气=1∶1，其中液化石油气成分 C_3 和 C_4 各占一半）	25	—	—

第二章

职业健康管理

第一节　燃气行业从业要求

一、法律要求

1. 燃气经营许可

根据住房和城乡建设部发布的《燃气经营许可管理办法》(2019 年修改)(以下简称《办法》),从事燃气经营活动的企业,应当依法取得燃气经营许可,并在许可事项规定的范围内经营。申请燃气经营许可的,应当具备下列条件:

1)符合燃气发展规划要求;

2)有符合国家标准的燃气气源;

3)有符合国家标准的燃气设施;

4)有固定的经营场所;

5)有完善的安全管理制度、健全的经营方案;

6)企业主要负责人、安全生产管理人员以及运行、维护和抢修人员经专业培训并经燃气管理部门考核合格;

7）法律法规规定的其他条件。

2. 燃气服务导则

根据《燃气服务导则》（GB/T 2885—2012）与《燃气服务导则》国家标准第 1 号修改单（GB/T 2885—2012/XG1—2018）的要求，从事燃气经营活动的企业，需满足燃气服务体系、服务模式、服务质量、安全性、信息公开、服务承诺和服务投入等方面的基本要求。

（1）服务体系

建立起具有燃气服务质量保证能力，能够适应、满足燃气用户需求和规模标准并持续改进的服务体系，实现燃气服务全过程全部信息的可追溯管理。

（2）服务模式

宜建立燃气"互联网+智慧服务"服务模式，充分利用互联网优化服务流程，提供公开透明、实时在线互动的服务，提升服务效率和服务能力。

（3）服务质量

以燃气用户满意为目标，建立服务质量标准，针对涉及的服务质量要素设立具体目标值，并采取相应控制措施，保证实现目标值；同时需定期开展评价审核，促进服务质量持续改进提升。

（4）安全性

能够安全、持续、稳定地向用户提供符合国家质量标准的燃气；在突发公共事件时应采取合理的措施提供减少次生灾害、降低对人身安全和生产生活活动危害的基本服务；对采集的用户信息依法提供保护；应向用户提供安全用气基本知识和正确使用燃气方法的宣传。

（5）信息公开

应向社会公布供气服务的质量保证和服务工作等信息程序，且信息公开应具有普遍性、透明性和准确性。

（6）服务承诺

设定并向社会公布服务承诺，并对服务承诺执行情况进行跟踪统计与评价考核。

（7）服务投入

应配套与其供气规模相匹配的人力、物力及技术支持等方面的投入。

二、职业道德要求

基于燃气行业安全要求高、服务面广等特点，行业内提出了"安全供气、优质服务"的职业道德总规范。

1. 安全供气

对于燃气企业，必须坚持安全至上的理念，落实习近平总书记关于安全生产重要指示精神，牢固树立新发展理念，坚持人民至上、生命至上，严格按照要求排查燃气管网、设备设施以及客户端的安全风险隐患，保障广大用户的生命财产安全。

2. 优质服务

为用户提供优质的服务是燃气企业的职业道德要求，同时也是全心全意为人民服务的重要体现。优质的服务不仅能为企业带来竞争优势，也能更好地实现社会效益，体现企业的社会价值。

第二节　从业人员基本素质

一、从业人员类别

根据《燃气经营许可管理办法》，燃气从业人员主要划分为主要负责人，安全生产管理人员，运行、维护和抢修人员三大类。

1. 主要负责人

主要负责人是指企业法定代表人和未担任法定代表人的董事长（执行董事）、经理。

2. 安全生产管理人员

安全生产管理人员是指企业分管安全生产的负责人，企业生产、安全管理部门负责人，企业生产和销售分支机构的负责人以及企业专职安全员等相关管理人员。

3. 运行、维护和抢修人员

运行、维护和抢修人员是指负责燃气设施设备运行、维护和事故抢险抢修的操作人员，包括但不限于燃气输配场站工、液化石油气库站工、压缩天然气场站工、液化天然气储运工、汽车加气站操作工、燃气管网工、燃气用户检修工、瓶装燃气送气工。

二、基本素质要求

根据《城镇燃气管理条例》（2016 年修订版）、《燃气经营许可管理办法》，燃气行业从业人员的基本素质要求不仅包括具有良好的职业道德品质，还要掌握法律法规及标准规范、燃气经营企业管理知识、燃气行业通用知识和燃气专业知识，并学以致用。

1. 职业道德

燃气行业从业人员要讲求诚信、爱业敬业，能够在自己的岗位上尽职尽责，自觉加强自身职业道德修养，在工作过程中珍惜职业荣誉，保持职业良心，磨炼职业意志，养成良好的职业习惯，愿意为燃气事业的发展做出贡献。

2. 法律法规及标准规范

燃气行业从业人员需熟悉、掌握燃气行业相关法律法规及标准规范，如《城镇燃气管理条例》，城镇燃气有关的国家标准、行业标准中涉及城镇燃气安全及服务的条文等。

3. 燃气经营企业管理知识

燃气经营企业管理人员需做好企业经营与管理工作，包括熟记岗位责任制度、操作规程、企业发展规划的主要内容，做好燃气安全事故预案和岗位生产事故处置工作，规划企业的具体发展方向，促进企业的安全生产标准化建设，做好用户管理与服务工作、保障用气安全与应急需求等。

4. 燃气行业通用知识

燃气行业从业人员需掌握丰富的通用知识，包括城镇燃气的分类与基本性质，城镇燃气的安全特性及常见危害处理措施，危险源管理与消防责任制、能源应用与环境保护、计算机技术及信息化等行业通用知识。

5. 燃气专业知识

燃气行业从业人员需扎实掌握燃气专业知识，如管道燃气经营企业从业人员需掌握管道供气系统的构成、压力级制、管道供气运行管理重点、燃气输配运行质量控制等知识；瓶装燃气经营企业从业人员需掌握储存、装卸、充装、销售等环节的设施和主要参数以及管理重点；车用燃气经营企业从业人员需掌握加气系统的构成与供应体系，储存、装卸、加气等环节的设施和主要参数等。

根据从业人员职能类别的不同，对不同知识能力掌握的要求也有所差别，例如，企业主要负责人侧重法律法规与经营管理，运行、维护和抢修人员侧重燃气专业知识与通用知识。

第三节　职业健康管理

一、定义

1. 职业病

企业、事业单位和个体经济组织等用人单位的劳动者在职业活动中，因接触粉尘、放射性物质和其他有毒、有害物质等因素而引起的疾病称为职业病。判断一种疾病是否为职业病，主要从以下 4 个方面进行：

1）患病主体是企事业单位或个体经济组织的劳动者；

2）必须是在从事职业活动的过程中产生的；

3）必须是因接触粉尘、放射性物质和其他有毒、有害物质等职业病危害因素引起的；

4）必须是国家公布的职业病分类和目录所列的职业病。

缺少以上 4 个要素中的任何一个，都不属于职业病的范围。

2. 职业禁忌

劳动者从事特定职业或接触特定职业病危害因素时，比一般职业人群更易于遭受职业病的危害和罹患职业病或可能导致原有自身疾病病情加重，或在从事作业过程中诱发可能导致对他人生命健康构成危险的疾病的个人特殊生理或病理状态。

3. 职业病危害

从事职业活动的劳动者可能导致出现职业病的各种危害。职业病危害因素包括职业活动中存在的各种有害的化学、物理、生物因素以及在作业过程中产生的其他职业有害因素。

4. 职业健康监护

劳动者在上岗前、在岗期间、离岗时，应急的职业健康检查和职业健康监护档案管理。

5. 职业病危害定期检测

用人单位应按照国务院卫生行政部门的规定，定期对工作场所进行职业病危害因素检测、评价。

二、基本要求

1. 整体要求

（1）总方针

职业病防治工作需坚持"预防为主、防治结合"的方针，建立用人单位负责、行政机关监管、行业自律、职工参与和社会监督的机制，实行分类管理、综合治理。

（2）工作环境要求和职业病防治责任制

用人单位应为劳动者创造符合国家职业卫生标准和卫生要求的工作环境和条件，并采取措施保障劳动者获得职业卫生保护。用人单位应建立健全职业病防治责任制，加强对职业病防治的管理，提高职业病防治水平，对本单位产生的职业病危害承担责任。

（3）用人单位应采取的职业病防治管理措施

1）设置或指定职业卫生管理机构或组织，配备专职或兼职的职业卫生管理人员，负责本单位的职业病防治工作；

2）制定职业病防治计划和实施方案；

3）建立健全职业卫生管理制度和操作规程；

4）建立健全职业卫生档案和劳动者健康监护档案；

5）建立健全工作场所职业病危害因素监测及评价制度；

6）建立健全职业病危害事故应急救援预案。

2. 前期预防

（1）预评价与控制效果评价

企业在新建、改建、扩建工程项目和技术改造、技术引进项目（以下统称建设项目）时，应执行国家建设项目有关职业卫生的相关规定，做好职业病危害预评价报告和职业病危害控制评价报告的申报、审核、备案以及防护设施竣工验收等工作。

（2）建设项目职业卫生"三同时"

建设项目应执行职业卫生"三同时"制度，确保职业危害防护设施与主体工程同时设计、同时施工、同时投入生产和使用。

（3）新技术、新工艺等

企业应优先采用有利于防治职业病和保护劳动者健康的新技术、新工艺、新设备、新材料，逐步替代职业病危害严重的技术、工艺、设备、材料。

三、职业危害告知与培训

1. 合同告知

（1）合同签订

用人单位与劳动者签订劳动合同时，应将工作过程中可能产生的职业病危害、职业病危害的后果、职业病防护措施、接触职业病危害岗位的待遇等如实告知劳动者，并在劳动合同中写明上述信息，不得隐瞒和欺骗。用人单位若不履行合同告知，劳动者有权拒绝从事存在职业病危害的作业，用人单位不得因此解除与劳动者所签订的劳动合同。

（2）工作变更

劳动者在劳动合同期限内因工作岗位或工作内容变更，从事与所签订劳动合同中未告知的存在职业病危害的作业时，用人单位应当依照上述规定，向劳动者履行如实告知的义务，并协商变更原劳动合同的相关条款。

2. 公示告知

（1）公告栏

对存在职业危害的工作场所，应在醒目的位置设置公告栏，公布有关职业病防治的规章制度、操作规程、职业病危害事故应急救援措施以及工作场所职业病危害因素检测结果等信息。

（2）警示标识

对产生严重职业病危害的作业岗位，应当在其醒目位置设置警示标识和中文警示说明，警示说明应当载明产生职业病危害的种类、后果、预防以及应急救治措施等内容。

3. 教育培训

（1）员工职业健康知识培训

企业应定期对接触有毒有害岗位的劳动者开展岗前、岗中培训，普及职业健康知识，提高其预防、控制职业危害及事故应急的能力。

（2）职业健康信息交流与沟通

企业主要负责人与职业卫生管理人员应定期开展职业健康信息交流与沟通，公布有关职业健康管理的上级文件、规章制度、操作规程、职业危害预防知识和工作场所职业危害因素监测结果等信息。

四、劳动过程保护

1. 职业病危害因素来源

职业病的危害因素主要来源于生产过程、劳动过程和作业环境 3 个方面。

（1）生产过程

由生产技术、机器设备、使用材料和工艺流程导致的危害因素，包括原材料、工业毒物、粉尘、噪声、振动、高温、辐射及生物性因素。

（2）劳动过程

由劳动者、劳动对象和生产工具导致的危害因素，如劳动过程中过度紧张、劳动强度过大或劳动安排不当、不良工作体位等。

（3）作业环境

由生产场地的厂房建筑结构、空气流动情况、通风条件以及采光、照明等导致的危害因素，如不良气象条件，厂房矮小、狭窄，车间布置不合理，照明不良等。

2. 职业病危害因素的识别、检测与评估

（1）定期开展职业病危害因素评估工作

定期开展职业病危害因素评估工作，识别可能接触到职业病危害因素的岗位，制定监测计划，委托取得资质认定的职业健康技术服务机构进行工作场所危害因素浓度或强度的检测评估，每年至少一次。

（2）职业病危害因素与职业禁忌证

根据职业病危害因素辨识结果，燃气输配存在的职业病危害因素及职业禁忌证主要如下：

1）职业病危害因素：接触有害物质（加臭作业）、噪声（压缩机、

场站巡查作业)、无机粉尘(焊接作业)、中暑(室外作业)、高温烫伤(加气站巡查作业、柴油发电作业)、低温灼伤(液化天然气站卸气作业、巡查作业)等。

2)特殊作业(存在职业禁忌证):电工作业、高处作业、压力容器作业、职业机动车驾驶作业等。

3. 职业病危害因素控制措施

职业病危害因素控制措施包括消除替代、工程控制、个体防护等,辅助组织职业健康体检,以做到早发现、早治疗、早治愈。

(1)消除替代

通过工艺改进、设备更新,减少有毒有害原料使用量,使用无毒、低毒原料替代高毒原料。

(2)工程控制

通过密闭、通风、冷却、隔离等工程技术手段,控制生产工艺过程中产生或存在的职业危害因素的浓度或强度,使作业环境中有害因素的浓度或强度降至国家职业卫生标准容许的范围。

(3)个体防护

对于采取工程控制措施后仍不能达到限制要求的职业病危害因素,为了避免其对劳动者造成健康损害,需要为劳动者配备有效的个体防护用品,减少对职业危害因素的接触和吸收。

五、职业健康监护

1. 组织职业健康体检

对从事接触职业病危害作业的劳动人员,企业应定期按照国务院安全生产监督管理部门、卫生行政部门的规定组织劳动人员进行上岗前检查、在岗期间定期检查和离岗时检查,并将检查结果进行书面告知。

（1）上岗前检查

为接触职业病危害因素作业人员、存在职业禁忌证岗位人员进行的入职前检查。

（2）在岗期间定期检查

为长期接触职业病危害因素作业人员进行在岗期间的定期健康检查。

（3）离岗时检查

为调离或脱离接触职业病危害因素岗位人员进行离岗时体检，确定其在停止接触危害因素时的健康状况。如最后一次在岗期间的健康检查是在离岗前的90日内，可视为离岗时检查。

（4）离岗后医学随访

接触的职业病危害因素具有慢性健康影响，或发病有较长的潜伏期，或尘肺病患者需进行医学随访检查。

（5）应急健康检查

当发生急性职业病危害事故时，遭受或可能遭受急性职业病危害的人员应及时组织健康检查；从事可能产生职业性传染病作业的人员，在疫情流行期或近期密切接触传染源者，应及时开展应急健康检查。

在职业健康体检过程中，劳动人员被确诊为职业病的，应按国家及地方主管部门的要求及时上报，并保障其依法享受国家规定的职业病待遇，安排治疗、康复和定期检查，对不适宜继续从事原工作的，应当调离原岗位，并妥善安置。

2. 建立职业健康监护档案

（1）员工职业健康监护档案

燃气经营企业需为有职业危害的岗位员工建立职业健康监护档

案，一人一档，并按照国家相关规定期限进行妥善保存。员工职业健康监护档案应包括劳动人员职业史、既往病史和职业病危害接触史，历次职业健康检查结果及处理情况，职业病诊疗资料，需要存入职业健康监护档案的其他有关资料等。

（2）单位职业健康监护管理档案

燃气经营企业应建立完整的职业健康管理档案，并由职业健康管理部门定期汇总本单位职业健康管理信息。单位职业健康监护管理档案包括：职业健康监护委托书；职业健康检查结果报告和评价报告；职业病报告卡；用人单位对职业病患者、患有职业禁忌证和已出现职业相关健康损害劳动者的处理和安置记录；用人单位在职业健康监护中提供的其他资料和职业健康检查机构记录整理的相关资料；卫生行政部门要求的其他资料等。

第四节　个人劳动防护

一、定义与分类

个人劳动防护装备是指为劳动人员配备的，保障其在劳动过程中免遭或减轻事故伤害及职业危害的劳动防护用品（如安全帽、护目镜、劳动防护手套等）。为劳动人员提供的劳动防护用品，必须符合国家标准或行业标准。按照分类，劳动防护用品可分为 2 种：特种劳动防护用品和一般劳动防护用品。

1. 特种劳动防护用品

特种劳动防护用品是指在劳动作业生产过程中对人体起到特殊保护作用的安全防护用品，特种劳动防护用品目录由国家安全生产监督管理总局确定并公布。

2. 一般劳动防护用品

一般劳动防护用品是指未列入特种劳动防护用品目录的劳动防护用品。

二、劳动防护用品的选用

1. 作业环境

企业应组织生产、安全等管理部门的人员及其他相关人员，对企业进行全面的危险因素、有害因素辨识，识别作业过程中的潜在危险、有害因素，确定进行各种作业时危险因素、有害因素的存在形态、分布情况等，并为作业人员选择配备相应的劳动防护用品且选用的劳动防护用品的防护性能应与作业环境存在的风险相适应，能满足作业的安全要求。

2. 制定、完善劳动防护用品管理制度和发放标准

燃气经营企业应贯彻执行国家有关劳动防护用品的法律法规及标准，根据企业实际，制定、完善适合本企业实际情况的劳动防护用品管理制度和发放标准，明确劳动防护用品的采购、验收、保管、发放、使用、报废等管理要求。

3. "三证一标"

在采购特种劳动防护用品时，需认准"三证一标"，即生产许可证、产品合格证、安全鉴定证及安全标志。特种劳动防护用品安全标志由盾牌和安全标志编号组成，标志采用盾牌形状，取"防护"之意。盾牌中间的字母"LA"表示"劳动安全"。标志边框、盾牌及"安全防护"为绿色，"LA"字母为白色，标志编号为黑色。安全标志编号

采用数字和字母组合：××-××-××××
××。分别为授权年份、生产企业所属省级
行政地区的区划代码、产品名称代码和授
权顺序（图 2-1）。

4. 最后一道防线

劳动防护用品是预防生产过程中发生

图 2-1　特种劳动防护用品安全标志

伤害事故和职业危害的一项辅助性措施，是保证安全和健康的最后一
道防线。公司应通过设备改造、工艺改革等途径，从根本上消除不安
全、不卫生等因素。

三、培训和使用

为保证劳动人员能够正确掌握所在岗位劳动防护用品的使用和
管理方法，企业应将劳动防护用品使用、保管的知识纳入相应岗位操
作规程、作业指导书中，并督促、教育员工正确佩戴和使用劳动防护
用品。培训内容需要包括原理，选用的标准，使用性能范围，如何检
查有效性，如何穿戴使用，如何清洁、维护等。

1. 掌握劳动防护用品使用"三会"

劳动防护用品使用人员应掌握"三会"：会检查个人劳动防护用
品的可靠性，会正确使用个人劳动防护用品，会正确维护保养个人劳
动防护用品。

2. 正确穿戴使用个人劳动防护用品

燃气经营企业应在工作场所适当展示穿戴劳动防护用品的要求，
作业人员进入有关作业场所必须按照安全生产的规章制度和个人劳
动防护用品的使用规则，正确穿戴和使用个人劳动防护用品。未按规

定穿戴和使用个人劳动防护用品的，不得上岗或实施作业。

3. 按照标准配备劳动防护用品

工程、场站、输配、客服、仓库、交通等作业场所劳动防护用品的配备需按照相关使用标准、要求执行。

4. 检查安全性能

在使用劳动防护用品时，使用人员应对其安全性能进行检查。检查其缺陷或损坏程度、严密性、机械效能，确保其在有效期限内，确认合格后按照使用说明、指导程序使用。

5. 劳动防护用品管理档案

企业应建立劳动防护用品管理档案，并建立劳动人员劳动防护用品配发表。

四、维护与保养

为保证劳动防护用品的防护性能，使用人员需按照要求定期进行维护与保养，相关要求如下：

1）所有劳动防护用品应在使用完毕后清理干净并妥善保管。

2）所有劳动防护用品必须保持正常的工作状态，并根据厂商要求定期检查、测试及调校；特种劳动防护用品应定期检测，不得超过有效期使用。

3）公共劳动防护用品的维护保养应落实到人，保管人员应根据劳动防护用品的存放及使用性能要求，定期进行外观检查、安全性能检测与保养。

4）企业安全管理部门应定期对已采购使用的劳动防护用品进行

性能评估。

5）燃气经营企业常用特种劳动防护用品的检查周期不低于表2-1中的标准，并根据劳动防护用品换发期限及时进行更换，不得超期使用，对于未到换发期限，出现正常损耗、影响使用的，企业应从安全角度考虑，发现后及时予以换发。

表 2-1 常用劳动防护用品检查周期

劳动防护用品名称	检查周期/月	劳动防护用品名称	检查周期/月
空气呼吸器	1	过滤式防毒面具	6
安全带	1	防冲击护目镜	6
绝缘手套	6	耐低温防护面罩	6
绝缘服	6	防冻手套	6
电工绝缘鞋	6	防化学品手套	6
防静电安全服	6	焊接手套	6
阻燃防护服	6	防静电鞋	6
焊接防护服	6	防冻鞋	6
防冻服	6	焊接防护鞋	6
安全帽	6	防砸、防刺穿鞋	6
防冲击安全头盔	6	焊接面罩	6

五、报废处理

1. 判废条件

劳动防护用品在使用或保管贮存期内遭遇破损、超过有效使用期或出现以下判废标准时，即予判废，判废后的劳动防护用品应立即封存报废：

1）选用的劳动防护用品技术指标不符合国家相关标准或行业标准。

2）选用的劳动防护用品标识不符合产品要求或国家法律法规的要求。

3）选用的劳动防护用品在使用或保管贮存期内遭到破损或超过有效使用期。

4）所选用的劳动防护用品经定期检验和抽查为不合格。

5）发生产品使用说明中规定的其他报废条件时。

2. 常见劳动防护用品报废和失效要求

（1）安全帽

安全帽开裂、变形或受剧烈冲击后达不到标准抗冲击能力的，予以报废，更换。

（2）安全鞋

安全鞋出现底部开裂、突水、脱胶等情况，予以报废，更换。

（3）安全眼镜和防护面罩

安全眼镜和防护面罩出现镜面花糊，不能达到预期的视觉效果，予以报废，更换。

六、常见劳动防护用品

按照防护部位不同，常见劳动防护用品可分为躯干防护、头部防护、眼（面）部防护、手部防护、听觉器官防护、足部防护、呼吸器官防护、坠落防护等类型，即对应常说的"安全防护8件宝"（图2-2）。

1. 躯干防护——安全服

燃气生产、输配现场环境复杂，为保护劳动人员安全生产、防止劳动人员对生产环境安全造成威胁，劳动人员需根据不同工作环境穿着不同功能的安全服。在选择与使用安全服时，应注意以下几个方面：

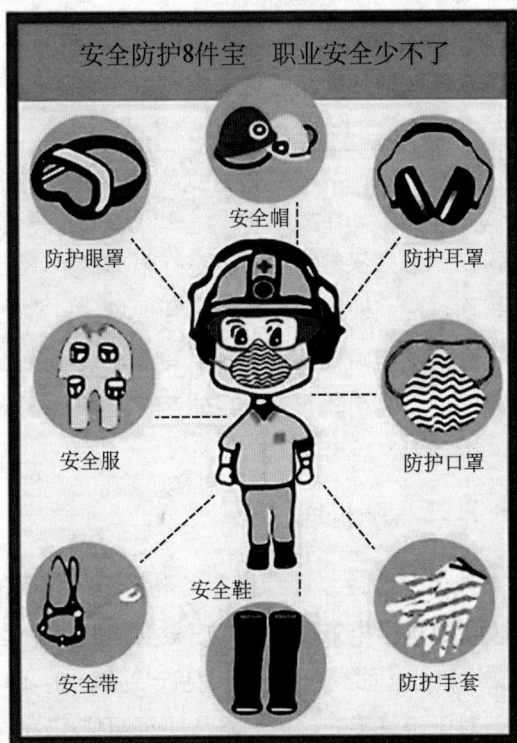

图 2-2 安全防护 8 件宝

确保安全服贴身合适；在操作机械时，禁止佩戴戒指或手链，以防发生危险；安全服内禁止放置尖利的工具或物品；禁止在易燃易爆场所穿脱防静电安全服；禁止在防静电安全服上附加或佩戴任何金属物件。

2. 头部防护——安全帽

安全帽能够为头部提供有效保护，降低重物冲击对劳动人员头部造成的伤害，保护头发不受灰尘、油烟和其他环境因素的污染，劳动人员在头部上方有易坠落物品的工作现场，必须佩戴安全帽。佩戴安全帽时，必须戴正并系紧下颌带，将安全帽牢固地固定在头上。长期使用时，应经常对安全帽外观进行检查，发现损伤后应立即进行维护保养或更换。为保证安全帽的防护功能，平时应远离油漆、有机溶剂、汽油等物质，洗涤清洁时应使用中性去污剂或温水。

3. 眼（面）部防护——防护眼罩

在金属焊接、切割等工作环境中，产生的飞屑、强光等易对眼睛产生不可逆的损伤，必须佩戴防护眼罩进行眼部保护。工作时，如果防护眼罩受到损伤，应立即停止工作、离开现场。日常使用后，需及时对防护眼罩进行清洁与消毒，清洗时需用清水或皂液，清洗后可用酒精进行进一步的消毒，用软布擦干后储存在洁净、干燥的塑料袋或盒子中。

4. 手部防护——防护手套

搬运易碎裂或尖锐物件，进行极冷（液化天然气汽化、加液）、极热器械操作，以及进行电工作业时，应根据功能选择适当的防护手套。但是，在操作机器（如绞丝机、砂轮机、钻机）时不可佩戴手套，以防缠结危险。对于绝缘手套，应严格按照说明使用，并定期检验电绝缘性能，不符合规定时不能使用。

5. 听觉器官防护——耳塞、防护耳罩

当劳动人员需要在有噪声危险的环境中工作时，需佩戴耳塞或防护耳罩等听力防护装置，以防对耳部产生短暂性或永久性伤害。使用防护耳罩时应将耳罩贴紧头部并密封；使用耳塞时，要确保耳塞适合每个耳朵，并且正确地塞入，使用后需要及时进行消毒清洁，存放在洁净、干燥处。

6. 足部防护——安全鞋

在燃气输配、工程建设等工作现场，劳动人员需穿安全鞋进场，

以防止地面湿滑摔倒、尖锐物刺伤脚掌或重物坠下压伤等情况的发生，降低足部受伤的风险。使用安全鞋时，要选择合适的尺码，正确穿着，不可拖穿，不得擅自修改安全鞋的构造。另外，普通安全鞋不得作为防静电鞋、绝缘鞋等特种安全鞋使用，电工、焊工需配备绝缘鞋。安全鞋在使用后，应定期对鞋面、鞋底、鞋子内部进行清理保养，不可使用有机溶剂作为清洁剂，清理保养后要将安全鞋置于阴凉、干爽和通风处存放。

7. 呼吸器官防护——防尘口罩、呼吸器

当工作场所存在有害气体、烟、蒸气或粉尘等对呼吸系统有危害的物质或现场空气中氧气含量不足时，需要采取呼吸保护措施，根据工作现场实际情况选择穿戴防尘口罩或呼吸器等呼吸保护设备。

8. 坠落防护——安全带

在进行高空作业（2 m 以上）时，作业人员需配备安全带，以防高空坠落风险，使用前应检查安全带各部件是否完整，绳带有无变质，卡环有无裂纹，卡簧弹跳性是否良好。

第三章

消防基本知识

第一节　安全生产消防责任制

随着近年来我国法制化进程的加快,《中华人民共和国消防法》《中华人民共和国安全生产法》《消防安全责任制实施办法》等不断推出、更新,坚持单位全面负责、公民积极参与的原则,坚持"党政同责""一岗双责""齐抓共管""失职追责",进一步压实消防安全责任制,提高行业消防安全水平,预防火灾和减少火灾危害。

《消防安全责任制实施办法》于 2017 年 10 月 29 日公开发布,消防安全生产责任制是最基本的安全管理制度,是所有安全生产管理制度的核心。安全生产责任制是按照安全生产管理"安全第一、预防为主、综合治理"的安全生产方针和"管行业必须管安全、管业务必须管安全、管生产经营必须管安全"的原则,将各级负责人员、各职能部门及其工作人员和各岗位生产工人在安全生产方面应做的事情及应负的责任加以明确规定的一项制度。具体来说,就是将安全生产责任分解到相关单位的主要负责人、项目负责人、班组长和每名作业人员身上。

一、安全生产消防责任制依据

贯彻《中华人民共和国消防法》《中华人民共和国安全生产法》和国家关于安全生产及消防安全的重要决策部署，按照政府统一领导、部门依法监管、单位全面负责、公民积极参与的原则，坚持"党政同责""一岗双责""齐抓共管""失职追责"，进一步健全消防安全责任制，提高公共消防安全水平，预防火灾和减少火灾危害，保障人民群众生命财产安全；坚持安全自查、隐患自除、责任自负。机关、团体、企业、事业等单位是消防安全的责任主体，法定代表人、主要负责人或实际控制人是本单位、本场所消防安全责任人，对本单位、本场所消防安全全面负责。

二、燃气行业安全生产消防责任制

建立安全生产责任制，安全生产责任制是燃气生产经营单位安全生产管理制度的核心。单位的各级领导和管理人员，必须根据本单位的实际情况和各部门及人员责任分工，按照"安全生产、人人有责"的原则，健全安全生产事事有人管、层层有人抓的安全责任体系。

燃气行业安全生产消防责任制主要包括燃气生产经营单位主要负责人的安全责任，项目负责人或分管负责人的安全责任，生产、工程、运行等各职能管理负责人及其工作人员的安全责任，技术负责人（工程师）的安全责任、专职安全生产管理人员的安全责任，班组长的安全责任和岗位人员的安全责任等。

1. 单位主要负责人是安全生产责任人

1）单位主要负责人是单位安全生产第一责任人，对本单位安全工作负全面责任，必须认真贯彻执行各项生产法规、制度和标准，审定、颁发本单位的安全生产规章制度和操作规程。

2）牢固树立安全第一的思想，实现生产和安全工作的"五同时"（在改建、扩建、新建、技改等项目时，主体工程与安全设施"三同时"制度和在处理安全与生产的关系上，应坚持"同时计划、同时布置、同时检查、同时总结、同时评比"的"五同时"原则），对重要的经济技术决策，负责确定保证职工安全健康的措施。负责建立健全本单位安全生产责任制，批准安全生产方针和目标，并做出承诺。

3）定期组织实施本单位安全生产教育与培训和考核。关键岗位通过培训和考核后持证上岗。

4）安排和审批生产建设计划时，将安全技术和劳动保护措施纳入计划，按规定提取和使用安全技术措施经费；审定新的建设项目时，遵守安全卫生设施的"三同时"制度，保证本单位安全生产投入的有效实施。

5）重视员工的安全保障和单位的安全状况，重视员工的劳动保护工作，确保职工安全健康。

6）负责督促、检查安全生产工作，及时消除生产安全事故隐患，奖励和表彰正确的安全行为。

7）负责组织制定并实施本单位的生产安全事故应急救援预案和三级联动体系，并及时、如实报告生产安全事故，按"四不放过"（事故原因未查清不放过、责任人员未处理不放过、整改措施未落实不放过、有关人员未受到教育不放过）的原则，严肃处理事故，并对事故调查、报告、处理和统计的正确性和及时性负责。

8）定期召开安全生产专题会议，及时研究和解决有关安全生产的重大问题，审核引进技术（设备）和开发新产品中的重要安全技术问题。

9）接到安全监督行政部门发出的监督指令后，要在限期内妥善解决问题。

2. 分管负责人安全生产岗位责任

1）按照"谁主管，谁负责"和"一岗双责"原则，负责分管业务范围内的安全生产工作。分管负责人是单位安全生产的主要责任者，对安全生产负主要责任。

2）执行国家安全生产方针政策、法律法规及单位的安全管理规定，组织将安全生产责任和安全生产目标层层分解到每个部门和每个员工，贯彻单位各项安全生产要求，合理配置资源，保证各部门安全生产目标的实现。

3）建立健全领导及全体职工安全生产责任制并组织实施；定期组织安全生产专题会议，总结安全生产工作，制定安全生产计划，并监督实施。

4）制定三级联动安全责任体系，建立安全网，明确责任制，完善落实各项规章制度，以身作则，遵章指挥，发现事故隐患及时组织处理，确保安全生产。

5）监督检查各部门安全生产责任制的落实情况和公司各项安全生产管理制度的执行情况，及时纠正生产中的失职和违章行为。

6）定期和不定期组织开展安全隐患大检查，保障安全运行。狠抓"三违"（违章指挥、违章作业、违反劳动纪律），坚持原则，处理安全事故坚持"四不放过"原则。

7）定期组织单位员工进行安全生产教育与培训和考核，定期开展安全应急处理预案的制定、修订和演练，定期组织开展灭火和应急疏散演练，进行消防工作检查考核，保证各项规章制度落实。负责公司生产安全隐患检查、整改，建立健全隐患台账和整改台账。

8）快速调查、处理、上报事故；组织各类事故汇总统计报告。

3. 部门负责人安全生产岗位责任

1）部门负责人是本部门安全生产第一责任人，对本部门安全生产负全责。

2）组织部门员工定期开展国家、行业及单位安全法律法规学习，落实各项安全生产要求，确保部门安全平稳运行。

3）认真执行日巡检、周巡检、月巡检制度，禁止违章指挥、违章作业，并建立安全隐患台账和整改台账，确保安全生产。

4）定期开展安全应急处理预案演练，定期组织开展灭火和应急疏散演练，进行消防工作培训，做到"三懂三会"（懂基本消防常识、懂消防设施器材使用方法、懂逃生自救技能，会查改火灾隐患、会扑救初期火灾、会组织人员疏散），保证规章制度落实。

5）严格执行规范用工管理制度，组织上岗安全教育，对员工的健康与安全负责，制定安全工作预案。

6）规范做好设备设施的维护保养，确保设备安全运行。

7）对上级提出的安全与管理方面的问题，要定时、定人、定措施予以解决。

8）发生事故时，要做好现场保护与组织抢救工作并及时上报有关部门，组织配合事故的调查，认真制定落实防范措施，吸取事故教训。

4. 岗位工作人员安全生产岗位责任

1）岗位工作人员对本岗位的安全生产负直接责任。

2）认真主动参加单位组织的国家、行业及单位安全法律法规技能学习，并通过相关考核，严禁无证上岗。

3）遵守安全生产规章制度，不进行违章作业，制止他人违章作业，严格执行安全生产要求，做到不伤害自我，不伤害他人，不被他人伤害。

4）主动参加安全生产的各种学习演练活动，具备基本的安全逃生技能，规范正确使用劳动防护用品。

5）树立自我保护意识，拒绝执行"三违"命令，做到"我要安全，我会安全，我管安全，我保安全"。

6）具有安全隐患排查能力，并正确排除安全隐患。

7）发现隐患及时向负责人报告，并采取有效措施，防止事故隐患继续扩大。

三、其他消防责任

1）积极建立消防安全评估制度，由具有资质的机构定期开展评估，评估结果向社会公开。同时鼓励消防安全管理人员取得注册消防工程师执业资格；消防安全责任人员和特有工种人员须经消防安全培训；自动消防设施操作人员应取得建（构）筑物消防员资格证书。

2）保证防火检查巡查、消防设施器材维护保养、建筑消防设施检测、火灾隐患整改、专职或志愿消防队和微型消防站建设等消防工作所需资金的投入。单位安全费用应当保证适当比例用于消防工作。

3）按照相关标准配备消防设施、器材，设置消防安全标志，定期检验维修，对建筑消防设施每年至少进行一次全面检测，确保完好有效。设有消防控制室，实行 24 h 值班制度，每班不少于 2 人，并持证上岗。

4）定期开展防火检查、巡查，及时消除火灾隐患；建立消防隐患台账，确定消防安全重点部位，设置防火标志，实行严格管理；保障疏散通道、安全出口、消防车通道畅通，保证防火防烟分区、防火间距符合消防技术标准。

5）建立专职或志愿消防队、微型消防站，加强消防队伍建设，消防装备配备和灭火药剂储备符合比例要求，提高扑救初期火灾的能力。

6）明确承担消防安全管理工作的机构和消防安全管理人员并报知当地公安消防部门，组织实施本单位消防安全管理。消防安全管理人员应当经过消防培训。

7）安装、使用设备、器具必须符合相关标准和用电、用气安全管理规定，并定期维护保养、检测。

燃气生产和运营场所属于易燃易爆场所，只有不断健全消防安全法律法规，落实消防责任，同时结合消防远程监控、电气火灾监测、物联网技术等技防物防措施，做到群防群治，才能确保燃气生产和运营安全运行。

第二节　灭火原理及方法

正确认识火灾现象和掌握火灾发生发展的基本规律，才能形成灭火的基础理论及掌握灭火的基本方法。

一、燃烧和火灾的本质及分类

燃烧是指可燃物与氧化剂作用发生的反应，并伴有火焰、发光和（或）发烟现象。燃烧作为一种氧化还原反应，遵守化学动力学、化学热力学的基本定律以及质量守恒、能量守恒等其他基本定律，但放热、发光、发烟等特征表明其不同于一般的氧化还原反应。虽然不同物质的燃烧过程和特征不尽相同，但作为一种氧化还原反应，任何形式的燃烧必须具备 3 个基本条件（图 3-1），即可燃物（还原剂）、助燃物（氧化剂）、火源。燃烧要发生，以上 3 个基本条件必须同时具备，缺少任何一个条件燃烧都不会发生。

1. 可燃物（还原剂）

凡是能与氧气或其他氧化剂发生化学反应的物质，称为可燃物，如木材、汽柴油、煤炭、燃气等。按其化学组成，可燃物可分为无机可燃物和有机可燃物 2 大类；按所处的状态，可燃物又可分为固体可燃物、液体可燃物和气体可燃物 3 类。

图 3-1　燃烧三要素

2. 助燃物（氧化剂）

凡是能与可燃物结合并促进其燃烧的物质，称为助燃物。最常见的助燃物为空气中的氧气。可燃物的燃烧一般是指在空气中进行的燃烧。

3. 火源

能引起可燃物燃烧的点燃类能源，统称为火源。一般来说，不同可燃物只有达到一定的能量才能燃烧。常见的火源有以下几种：

1）明火。包括生产及生活中的炉火、焊接火，撞击、摩擦打火等。

2）电弧和电火花。包括电气设备及其附件、电话、手机等在工作过程中产生的火花、静电火花等。

3）雷击。

4）高温。包括加热、烘烤、热量聚集、摩擦发热等。

5）自燃引火源。在既无明火又无外来热源时，物质本身自行燃烧起火，如白磷在空气中会自行起火，钠等金属遇水着火等。

4. 火灾的本质及分类

火灾是一种特殊形式的燃烧，通俗来说火灾就是失控和造成破坏的燃烧，失控和造成破坏是火灾区别于一般形式的燃烧最重要的特征。

根据现行国家标准《火灾分类》（GB/T 4968）中火灾分类的命名及其定义，把火灾分为 6 类：

1）A 类火灾：固体物质火灾，这种物质通常具有有机物性质，一般在燃烧时能产生灼热的余烬。

2）B 类火灾：液体和可熔化的固体物质火灾。

3）C 类火灾：气体火灾。

4）D 类火灾：金属（钾、钠、钙、镁、铝、锂等）火灾。

5）E 类火灾：带电火灾。物体带电燃烧的火灾。

6）F 类火灾：烹饪器具内的烹饪物（如动植物油脂）火灾。

二、灭火的基本原理

为防止火灾失去控制、继续扩大而造成损失，需要采取有效的方法将火扑灭，这些方法的基本原理是破坏燃烧的 3 个基本条件：可燃物（还原剂）、助燃物（氧化剂）、火源。

三、灭火的基本方法

为了有效地破坏燃烧的 3 个基本条件，常见的灭火方法有冷却灭火法、窒息灭火法、隔离灭火法和化学抑制法。前 3 种方法是依据物理原理进行灭火，最后一种方法则是依据化学过程灭火。

1. 冷却灭火法

冷却灭火法是依据可燃物质燃烧必须达到一定温度，若将灭火剂直接喷洒在燃烧着的物体上，将可燃物质的温度降到燃点以下，则可中止燃烧。向火灾区喷大量的水降温，是最常见的冷却灭火法；也可用固态二氧化碳灭火剂灭火，由于其本身温度很低，接触火源时可吸收大量的热，从而使火灾区的温度急剧降低，达到灭火的目的。

2. 窒息灭火法

窒息灭火法是依据可燃物质燃烧需要足量氧化剂的条件，采取阻止空气等氧化剂进入火灾区等措施使燃烧物质熄灭，常用的措施为将水蒸气、二氧化碳等惰性气体引入火灾区，以稀释其中的氧含量。当着火区氧含量低于14%时，绝大多数燃烧都会中止。

3. 隔离灭火法

隔离灭火法是依据燃烧可燃物的必备条件，将燃烧的物质与周围的可燃物隔离，中断可燃物的供应从而中止燃烧。具体措施包括：将火源附近的可燃、易燃、易爆和助燃物质，从燃烧区转移到安全地点；关闭阀门，阻止流体流入燃烧区；拆除与火源相邻的易燃建筑结构，形成阻止火势蔓延的隔离带等。

4. 化学抑制法

化学抑制法是使用灭火剂阻止燃烧反应，使其在燃烧过程中产生的自由基消失，从而中止燃烧。采用卤代烷、三氟甲烷等替代物、干粉灭火剂等灭火的方法，就是其降低自由基。该方法灭火速度快，如使用得当可快速扑灭火灾。

第三节 常见灭火器种类与适用范围

一、灭火器的定义及种类

灭火器作为一种可携式灭火工具，主要用来扑救初起火灾，是最常备的消防器材；它通过其内部压力将充装筒体的灭火剂喷出以扑灭火灾。

灭火器由筒体、器头、喷嘴等构成。灭火器的种类很多，按其移动方式可分为手提式灭火器和推车式灭火器；按其所充装的灭火剂不同可分为清水灭火器、二氧化碳灭火器、干粉式灭火器等。

1. 清水灭火器

清水灭火器以二氧化碳钢瓶中的气体为动力，将灭火剂喷射到燃烧物上，以达到灭火的目的。清水灭火器适用于扑灭可燃固体物质火，其灭火剂以清水为主，再附加适量的防冻剂、润湿剂、阻燃剂等。

清水灭火器主要由筒体、筒盖、喷射系统及二氧化碳储气瓶等部件组成。

2. 二氧化碳灭火器

二氧化碳灭火器是利用喷出的高压液态二氧化碳灭火；主要用于扑救仪器仪表、贵重设备、图书资料等物品的火灾。

使用二氧化碳灭火器灭火时，应将灭火器喷筒对准火焰根部，然后打开启闭阀将二氧化碳喷出。

在灭火过程中，一定要连续喷射以防余烬复燃；火灾现场有风时不能逆风使用；由于二氧化碳是窒息性气体，使用时要注意人身安全。

3. 干粉式灭火器

干粉式灭火器是一种常见的灭火器，其内部装有磷酸铵盐等干粉灭火剂，可用于初起火灾的扑救。

干粉式灭火器的灭火原理主要基于干粉中的无机盐挥发性分解物，与燃烧过程中燃料所产生的自由基发生化学抑制和负催化作用，使燃烧的链反应中断以达到灭火的目的；干粉的粉末落在可燃物表面发生化学反应，并在高温作用下形成一层玻璃状覆盖层，以隔绝氧气，窒息灭火；此外，干粉的粉末还有部分稀释氧气和冷却火焰的作用。

二、各类灭火器的适用范围

火灾的种类是选择灭火器类型的最重要依据。具体来说采用哪种灭火器，应根据可燃物的性质、燃烧特征和火灾地点的具体情况等因素来选择。

一般来说，对于 A 类火灾，可采用清水灭火器，对珍贵物品应使用二氧化碳、干粉灭火器灭火。

对于 B 类火灾，应及时采用泡沫灭火器灭火，除此之外还应采取一系列措施阻止火势蔓延：关闭阀门以切断可燃液体的来源，把火灾区中的可燃液体抽至安全地区，防止火灾区的可燃液体在地上流动扩散。

对于 C 类火灾，一旦发现可燃气体着火，应立即关闭阀门以切断可燃气体的来源，同时使用干粉灭火器将燃烧的火焰扑灭。

对于 D 类火灾，由于金属燃烧时温度很高，普通灭火剂会因为高温而失去作用，应使用带特种灭火剂的灭火器，如使用 7150 灭火剂扑救镁合金、铝合金、镁铝合金、海绵状钛等轻金属火灾。

对于 E 类火灾，火灾现场若有带电设备，救火时应首先切断电源；对于精密仪器、贵重设备的火灾，应用二氧化碳灭火器进行扑救，因为气体灭火系统不导电且灭火后不留痕。

对于 F 类火灾，常可采用锅盖、湿棉被等物质覆盖的窒息灭火法来解决，也可采用干粉、气体灭火器进行灭火。

第四节　常见消防标识

一、消防标识的定义及作用

消防标识是用于表明消防设施特征的符号及标记，用于说明建筑配备各种消防设备、设施，标志安装的位置等信息，并引导人们在发生事故时采取合理正确的行动。

二、消防标识的构成

消防标识由几何形状、安全色、对比色、图形符号色等构成（表 3-1）。

1）安全色，是传达安全信息含义的颜色，包括红色、蓝色、黄色、绿色 4 种。

①红色：传递禁止、停止、危险、消防设备信息，对比色是白色。

②蓝色：传递必须遵守的指令性信息，对比色是白色。

③黄色：传递注意、警告信息，对比色是黑色。

④绿色：传递安全的提示性信息，对比色是白色。

2）对比色，是使安全色更加醒目的反衬色，包括黑色和白色 2 种。

表 3-1　常见消防标识构成

消防标识	几何形状	安全色	对比色	图形符号色	含义
	长方形	绿色	白色	白色	标识避难处的方位
	带斜杠的圆形	红色	白色	黑色	标识禁止烟火
	正方形	红色	白色	白色	标识消防设施

三、消防标识的分类及具体功能

消防标识按照功能分为火灾报警装置标识、紧急疏散逃生标识、灭火设备标识、禁止和警告标识、方向辅助标识等。各种标识的含义见表3-2~表3-6。

表3-2　火灾报警装置标识

标识的名称	标识的图形	使用范围/场所	设置方式/位置
发声报警器		火灾报警器附近	以粘贴方式固定在报警器旁边
火警电话		火灾报警电话附近	以粘贴方式固定在火灾报警电话旁，应带辅助指向箭头，箭头指向和实际位置方向一致
消防手动报警按钮		手动火灾报警按钮、固定灭火系统手动启动器附近	以粘贴方式固定在启动按钮旁，应带辅助指向箭头，箭头指向和实际位置方向一致

表3-3　紧急疏散逃生标识

标识的名称	标识的图形	使用范围/场所	设置方式/位置
安全出口		人员密集场所的安全出口、疏散通道中的门或疏散出口	以钉挂或粘贴方式固定在疏散通道两侧及拐弯处墙面上，其上边缘距离地面不高于1 m且间距不大于20 m

续表

标识的名称	标识的图形	使用范围/场所	设置方式/位置
滑动开门		人员密集场所的安全出口、疏散通道中的门或疏散出口	以钉挂或粘贴方式固定在疏散通道两侧及拐弯处墙面上，其上边缘距离地面不高于 1 m 且间距不大于 20 m

表 3-4　灭火设备标识

标识的名称	标识的图形	使用范围/场所	设置方式/位置
地上消火栓		地上消火栓设置点或其附近	以粘贴、钉挂等方式固定在地上消火栓旁边或附近，确保箭头指向和实际位置方向一致
灭火器		灭火器设置点	以粘贴方式固定在灭火器设置点正上方墙面、柱面上
消防水带		消防水带设置点或其附近	以粘贴方式固定在消火栓箱门面上，或以粘贴或钉挂方式固定在消火栓箱附近
消防水池		消防水池设置点或其附近	以粘贴、钉挂等方式固定在地面消防水池的醒目位置

表 3-5　禁止和警告标识

标识的名称	标识的图形	使用范围/场所	设置方式/位置
禁止燃放烟花爆竹	禁止燃放烟花爆竹	库区周围100 m 内	以粘贴或钉挂方式固定在库区周围 100 m 范围内的醒目位置
禁止堆放	禁止堆放	消防通道的醒目位置；消防设施及配电箱、柜板的前方	以粘贴或钉挂方式固定
禁止锁闭	禁止锁闭	安全出口和疏散通道的门面上	以粘贴或钉挂方式固定

表 3-6　方向辅助标识

标识的名称	标识的图形	使用范围/场所	设置方式/位置
推开门	推 PUSH	安全出口或疏散通道中的单向门	以粘贴方式固定在安全出口或疏散通道中的单向门门面上；"推"和"拉"成对设置在门两面的对应位置，方向要与门的开启方向一致；设置高度：中心点距离地面 1.3～1.5 m
拉开门	拉 PULL		

第五节　天然气泄漏处置办法

　　天然气是一种易燃易爆气体，具有易燃、可燃的双重性，比重约为 0.65，比空气轻，天然气不溶于水，密度为 0.717 4 kg/m³，相对密度为 0.45，燃点为 650℃，主要由甲烷（85%）和少量乙烷（9%）、丙烷（3%）、氮（2%）和丁烷（1%）组成，主要用作燃料。天然气泄漏时，当空气中的浓度达到 25%时，可导致人体缺氧而造成神经系统损害，严重时可表现呼吸麻痹、昏迷，甚至死亡，不完全燃烧可产生一氧化碳。发生泄漏迅速四处扩散，天然气与空气混合浓度占 5%～15%时可能会发生爆炸，引起人身中毒、燃烧。

　　发现站内天然气泄漏时，第一发现人应立即报告班长，班长快速上报车间主任，车间逐级汇报调度、分公司领导等各级相关负责人。汇报一定要明确事件发生的时间、地点、事件性质、影响范围、事件发展趋势和已经采取的措施等。

　　处理天然气泄漏时，应根据其泄漏和燃烧的特点，迅速有效地排除险情，避免发生爆炸燃烧事故。在排除险情的过程中，必须贯彻"先防爆、后排险"的指导思想，坚持"先控制火源、后制止泄漏"的处理原则，设备警戒区禁止无关人员进入、车辆通行和一切火源。严禁穿带钉鞋和化纤衣服，严禁使用金属工具，以免碰撞发生火花或火星；灵活运用关阀断气、堵塞漏点、善后测试的处理措施。

一、天然气泄漏事故处理方案

1. 处理天然气泄漏事故的指导思想

1）天然气的性质和泄漏规律：扩散的气体遇到火源即可发生燃

烧和爆炸。一旦发生爆炸，将对人民的生命财产安全带来更大的灾害。因此在处理天然气泄漏的过程中，必须坚持"防爆重于排险"的思想。

2）设置警戒区，禁止无关人员进入；严禁车辆通行和禁止一切火源，如禁止开关泄漏区电源。

3）发生天然气泄漏时，一定要尽可能将天然气浓度控制在爆炸点浓度之内。

2. 天然气泄漏事故的处理方法

1）天然气一旦发生泄漏，应及时通知气站人员，关闭通往厂区的天然气主阀，车间应急人员到达现场后，主要任务是关掉阀门，切掉气源。

天然气泄漏造成人员窒息时应积极抢救人员，立即将窒息人员抬离现场，放到户外新鲜空气流通处。有条件时应对其进行吸氧或接受高压氧舱治疗，出现呼吸停止的则应进行人工呼吸，待呼吸恢复后，立即转运至附近医院救治。

2）及时防止燃烧爆炸，迅速排除险情。现场人员应把主要力量放在各种火源的控制方面，为迅速堵漏创造条件。对天然气已经扩散的地方，电器要保持原来的状态，不要随意开关；对接近扩散区的地方，要迅速切断电源。

3）对进入天然气泄漏区的排险人员，严禁穿带钉鞋和化纤衣服，严禁使用金属工具，以免碰撞发生火花或火星。

二、天然气大量泄漏的处理方法

天然气大量泄漏可能是由误操作引起的；设备、管线腐蚀穿孔、损坏引起的泄漏；由于密封老化引起密封失效，从而导致天然气外漏；压力表损坏和管道破裂。

当站场因为输气设备、设施误操作及故障而引起站内天然气大量泄漏等由抢修部门进行紧急处理，对站内阀门进行气流隔断，不必动用封堵设备。

1）自动或人工手动切换，放空站内管线气体。

2）根据现场情况，拉响警铃，人工手动关闭进站阀和出站阀、打开站内所有手动放空阀，开始对站内进行事故初步控制。

3）事故初步控制阶段。

①如果只是天然气泄漏，没有发生火灾，可按照以下步骤进行初步控制：

a. 用便携式可燃气体报警仪检测站场天然气浓度，确定泄漏点，并做标记，设置警戒区。

b. 站内设施、设备、照明装置、导线以及工具都均为防爆类型。

c. 如室内天然气漏气，应立即关闭室内供气阀门，迅速打开门窗，加强通风换气。

d. 禁止一切车辆驶入警戒区内，停留在警戒区内的车辆严禁启动。

e. 消防车到达现场，不可直接进入天然气扩散地段，应停留在扩散地段上风方向和高坡安全地带，做好准备，对付可能发生的着火爆炸事故，消防人员动作谨慎，防止碰撞金属，以免产生火花。

f. 根据现场情况，发布动员令，动员天然气扩散区的居民和职工，迅速熄灭一切火种。

g. 天然气扩散后可能遇到火源的部位，应作为灭火的主攻方向，部署水枪阵地，做好应对发生着火爆炸事故的准备工作。

h. 利用喷雾水蒸气吹散裂漏的天然气，防止形成可爆气。

i. 在初步控制中，应有人监护，必要情况下，应戴防毒面具。

j. 待抢修人员赶来后，实施故障排除，根据实际情况，更换或维修管段或设施。

②如果站场已发生火灾，在专业消防人员指挥下进行，可按照以下步骤进行初步控制：

a. 如果是天然气泄漏着火，应首先找到泄漏源，切断上游阀门，使燃烧终止。防止因错关阀门而导致意外事故发生。

b. 关阀断气灭火时，要不间断冷却着火部位。

c. 在关阀断气之后，仍需继续冷却一段时间，防止复燃复爆。

d. 当火焰威胁进气阀门而难以接近时，可在落实堵漏措施的前提下，先灭火后关阀。

e. 关阀断气灭火时，应考虑关阀后是否会造成前一工序中的高温高压设备出现超温超压而发生爆破事故。

f. 可利用站内消防灭火器对火苗进行扑灭。扑救天然气火灾，可选择水、干粉、卤代烷、蒸汽、氮气及二氧化碳等灭火剂。

g. 对气压不大的漏气火灾，可采取堵漏灭火方式，用湿棉被、湿麻袋、湿布、石棉毡或黏土等封住着火口，隔绝空气，使火熄灭。同时在关阀、补漏时，必须严格执行操作规程，并迅速进行，以免造成第二次着火爆炸。

h. 待增援队伍到来后，按照消防规程进行扑灭。

③对站内天然气泄漏或火灾处理完毕后，由施工单位保产人员对故障部分进行修复，可按照以下步骤进行：

a. 故障管段和设备进行氮气气体置换，用含氧检测仪检测（含氧浓度为2%）。可用燃气气体报警器进行检测，混合浓度达到爆炸极限25%以下的为合格。

b. 管网事故管段或设备拆除（根据实际可采用切断或断开法兰连接的方法），配套设施试压、更换。

c. 在站内动火施工必须有现场安全监护。

d. 预制新管段并安装。

e. 完成安装和试压并验收合格。

f. 进行站内区放空完成站区置换氮气。

g. 恢复站区流程，托运该站。

三、减压站法兰或螺栓处轻微泄漏

一旦发现站内法兰或螺栓处存在天然气轻微泄漏，应立即报告现场指挥。现场指挥可以根据现场情况，采取以下措施：

1）在工艺允许的情况下，切换至备用管路，隔离漏气的设施或管线。

2）对于有把握处理的轻微泄漏，利用防爆工具对螺栓进行紧固处理。

3）对于没有把握处理的泄漏应立即上报领导小组，由领导小组指派专业人员到现场处理，根据泄漏情况进行坚固或更换垫片。

4）在处理过程中，要加强安全监护，紧固力量要均匀，对于没有把握的操作不能蛮干，以免造成更大的破坏。紧急情况下对站场泄漏阀门，管段、泄漏的设备连接部位可采用高压堵漏器进行紧急堵漏。

四、输气管道天然气泄漏

发生输气管道天然气泄漏，应采取以下措施：

1）立即通知当地政府、公安、消防、燃管、安监等部门，迅速组织疏散事故发生地周围居民群众，确保人民群众的生命安全，并告知附近居民熄灭一切火种，严禁点火做饭、开关电源。

2）现场指挥人员迅速赶到出事地点，协助当地相关部门，围控事故区域，在事故区域设置警戒线、警示标志，确保无关人员、居民群众远离危险区。

3）当泄漏天然气威胁到运输干线时，应立即协助当地政府停止公路、铁路、河流的交通运输。

4）现场指挥人员应进一步摸清事故现场泄漏情况，评估事故发展状况、影响范围，将情况立即汇报领导小组。

5）采取一切必要措施封堵泄漏部位。

6）发生事故后，专业抢修人员应以最快的速度到达事故现场，及时挖出泄漏处管沟土方，在抢修焊接过程中，要用轴流风机强制排出管沟内的天然气，并进行不间断的可燃气体监测和安全监护。准备措施如下：

①将管沟内聚集的天然气自由挥发一段时间。管沟内漏气量很大时，应先进行空气置换，在管沟一端安放防爆轴流风机将管沟内的天然气吹出。

②用可燃气体探测仪测量管沟内天然气浓度，其浓度必须小于爆炸下限的 25%，管沟内空气合格后，方可施工。

③由于管沟内空间限制，大型机具难以施展，故管沟内工作坑的开挖由人工完成。将管沟内管槽中的覆土清除，期间应实时监测天然气浓度，保证施工人员的安全。

④所有抢修人员进入管沟前必须采取消除静电措施，佩戴防毒面具方可进入。

五、天然气火灾与爆炸事故应急处理

天然气不慎出现火灾事故，处置原则是小火用干粉灭火器或二氧化碳灭火器灭火，大火用喷水或喷水雾灭火。在确保安全的前提下，要把盛有可燃气体的容器挪移，远离火灾现场。贮罐着火，灭火时要与火源保持尽可能大的距离或者使用遥控水枪或水泡。使用大量的水冷却盛有危险品的容器，直到火完全熄灭；不要用水直接冲击泄漏物或安全装置，可能导致结冰。如果容器的安全阀发出声响，或容器变色，应迅速撤离。切记远离被大火吞没的贮罐。对燃烧剧烈的大火，要与火源保持尽可能大的距离或者用遥控水枪或水泡灭火；也可以撤离火灾现场，让其自行燃尽。

1）由天然气泄漏或其他原因引起的火灾应立即切断气源，进行灭火，抢救受伤者、疏散人员，并及时通知消防等有关部门。

2）天然气火灾的抢救工作，应采取切断气源或降低压力等方法控制火势，但应考虑降温及防止管道内产生负压而再次发生灾害。

3）火势得到控制后，应继续检查建筑物内和地下设施内的燃气浓度，防止天然气引发再生灾害。

4）减压站发生爆炸时，应立即切断调压站气源，发生火灾时应迅速灭火，如有人员伤亡，要立即组织抢救，事态控制后先进行现场取证，之后再根据现场指挥的安排进行抢修、更换损坏设备，同时通知用户停止使用天然气。

5）天然气管道发生爆炸时应迅速切断电源，处理火灾事故，查明爆炸原因并做好现场记录，确认无第二次爆炸和火灾发生时，应对天然气管道进行气密检验、置换，气质试验合格后方可供气。

六、人员急救

1）将患者转移到新鲜空气处。

2）呼叫"120"或其他急救医疗服务中心。

3）如果患者停止呼吸，应进行人工呼吸。

4）如果出现呼吸困难应进行吸氧。

5）脱去并隔离受污染的衣服和鞋子。

6）保持患者温暖和安静。

7）应让医务人员知道事故中涉及的有关物质，并采取自我防护措施。

第六节　火灾事故应急处理

一、燃烧及条件

通过第三章第二节燃烧和火灾的本质的知识学习知道，燃烧要具备可燃物、助燃物、火源 3 个要素。

实际发生燃烧不仅要具备以上 3 个要素，还要求可燃物和助燃物达到适当的比例，火源必须具有一定的强度，否则即使具备了以上 3 个要素燃烧也不能发生。

第一，可燃物与氧必须达到一定的比例，若空气中的可燃物数量不足，燃烧就不会发生。

第二，要使可燃物质燃烧，必须供给足够的助燃物。否则，燃烧就会逐渐减弱，直至熄灭。

第三，发生燃烧，火源必须有一定的温度和足够的能量，否则燃烧就不能发生。

综上所述，要使可燃物质燃烧，不仅要具备燃烧的 3 个要素，每个要素都要具有一定的量，并且彼此相互作用，否则就不会发生燃烧。对于正在进行的燃烧，若消除其中任何一个条件，燃烧便会终止，这是灭火的基本原理。

二、防火防爆措施

根据燃烧的原理，灭火就是设法消除燃烧 3 个要素中任何一个要素，其方法如下：

1. 控制燃气泄漏

防止燃气泄漏和积聚，使其达不到爆炸浓度，这是防止燃气爆炸的首要措施。

1）将有泄漏隐患的装置尽量安放在露天或半露天的场所中，以利于泄漏的气体扩散，降低浓度。当必须采用室内厂房时，厂房应具有良好的自然通风或强制通风设备。

2）装置在投入生产前和定期检修时，其密闭性和耐压性应达到相关标准。所有机组、管道、阀、泵、连接法兰、管件及接头等易漏部位应做好例行检查，避免发生跑、冒、滴、漏现象。设备维保时，采用规定方式和设备仪器，检查其气密情况。

3）燃气的罐、塔等容器及管道等，在检修时（尤其动火时），必须用惰性气体（如氮气、蒸气等）进行完全置换，并经彻底清洗达到合格。与外部相连的管道，应用盲板隔开，并按规定向相关部门申报用火手续。当长输管线无法用惰性气体进行置换又需动火时，应严格防止空气进入，以免形成混合气体，引起管内爆炸。

4）装置的排气管道都应伸出屋外，并应考虑周围建筑物的高度与周围环境。排气放空管不能造成真空，也不能堵塞。如果排放的气体污染性大，数量多，须通过生态环境部门的评估和监督。

5）带压设备、塔、容器和管道应该注意其密闭性，防止可燃气体溢出形成爆炸混合物；负压设备，应防止空气侵入而使设备内部混合气体达到爆炸极限。

6）锅炉、加热炉等装置燃烧时，应使用火焰检测器对燃烧状态进行监测，一旦熄火，检测器能迅速检测出来，并自动接通控制装置，切断气源。

2. 消除火源

存有燃烧爆炸混合气体的场所，应严格消除可点燃爆炸性混合气的各种火源。

（1）明火

1）爆炸危险场所严禁携带火种和吸烟，并在明显处设立警示标志；

2）在有火灾和爆炸危险性的厂、站、库内不得使用明火照明，统一使用防爆灯具；

3）在工艺操作过程中，采用热水、水蒸气等安全的加热方法；

4）对设备、塔、容器及管道进行明火检修前，必须按动火制度严格执行；

5）对储罐等容器进行焊割检修中断作业，需继续进行焊补作业时，必须重新采集气样等，全面进行安全分析、检查，合格后方可继续进行。

（2）摩擦和撞击

在生产中，摩擦和撞击是燃气着火爆炸的隐患之一。因此，具有爆炸危险性的场所应采取严格的措施，装置不得产生任何火花。

1）机器轴承等转动部分应润滑良好，摩擦部分应采用有色金属制造的轴瓦，以消除火花；

2）工具和通风机上的风翼应用铜合金制造，或用镀锌的钢板制造；

3）搬运、储存燃气和易燃液体的金属容器时，严禁抛掷或拖动，并防止铁器相互撞击，以免产生火花；

4）禁止穿铁钉鞋进入易爆场所。

（3）电火花

电火花是引起燃气爆炸的另一个隐患，因此具有爆炸危险的厂、站、库内的所有电气设备和照明装置，必须安装符合防火防爆的设备装置。

1）电线应使用绝缘线材，并套钢制套管保护，套管可靠接地，以免气体腐蚀，电线的绝缘材料也应具有耐腐蚀的性能；

2）具有爆炸危险的场所，应选用防爆式电气设备与设施，如防爆电机、防爆开关、防爆灯具、防爆电话、防爆仪表等防爆电气设备；

3）现场电气设备的熔断器必须配置额定容量使用，不得随意调整；

4）对所有电气设备，应健全规章制度，并按保养要求进行维护保养；

5）检修时，必须断电检修，不得带电作业。

（4）静电放电

静电放电是指具有不同静电电位的物体互相靠近或直接接触引起的电荷转移所致的放电。静电放电的最常见原因是两种材料的接触和分离。最常发生的静电起电现象是固体间的摩擦起电现象。当静电达到一定电压时，放电的火花会引燃可燃气体着火。为了防止出现事故，一般可采用以下安全措施：

1）保证环境湿度。

2）铺设防静电面。

3）在有爆炸隐患的场所，应采用防静电皮带、装设防爆电动机，电动机和设备之间用轴直接传动或经过减速器传动。

4）接地泄放静电是消除静电的常用方法，以下生产设备应需可靠接地：燃气的设备和储罐、输送管道以及各类阀门、通风管道上的金属滤网及其他产生静电的设备。

5）金属管道上的接地线，因为法兰上填料的绝缘而使电路连接中断，在法兰上设置金属连接片，实现等电位导电，并进行集中接地泄放静电。

6）在易燃易爆的厂房内，应采用环形接地网，用金属丝将各设备的接地线连接起来。

（5）雷电

雷电泄放会引起燃烧和爆炸。因此，为避免雷电隐患，对于易遭受雷击的建筑物、构筑物、露天的设备及贮存容器，特别是遭受雷击能引起燃烧爆炸的厂房和仓库，必须安装避雷设备。

以下场所和设备应安装避雷设备：

1）与空气混合，形成爆炸混合气的厂房和仓库；

2）大型贮气罐、烟囱和水塔；

3）高度在 15 m 以上具有燃烧爆炸危险性的生产设备；

4）发电、配电站、高压输电线的避雷装置，根据电气设备的防雷规定处理。

（6）化学能

在生产中会伴随化学反应，如果控制不当，化学反应强烈，可能会引起燃烧或爆炸。因此，应根据生产性质制定安全操作规程和防火制度，操作人员必须熟练温度、压力、加料和搅拌等关键性的安全操作；设置可靠的温度计、压力计、流量计等和各种安全设备（如安全阀、防爆片、报警信号等）。

（7）光线聚集

光线通过凸透镜、圆形玻璃瓶或含有气泡的平板玻璃等均会形成聚焦，焦点处温度很高，会引起易燃易爆物燃烧和爆炸，所以在燃气场所，必须采取遮阳措施，窗户应采用磨砂玻璃等。

三、灭火方法

起火后的几分钟被称为初期火灾，具有燃烧面积较小、烟气流动速度较慢、火焰辐射热量较少及周围物体和建筑结构温度上升较慢的特点。初期火灾阶段，容易将火势控制或扑灭。

1. 初期火灾原则

1）发现火灾，沉着镇定。发现起火时，要保持沉着冷静，理智分析火情。如果是在火灾的初期阶段，燃烧面积不大，可考虑自行扑灭。如果火情发展较快，要迅速逃离现场，向外界寻求帮助。

2）扑灭小火，争分夺秒。刚发生火灾时，应争分夺秒，奋力将小火控制、扑灭，千万不可惊慌失措地乱叫乱窜，置小火于不顾而酿成大灾。

3）大声呼救，及时报警。"报警早，损失少"，一旦发现火情，既要积极扑救，又要及时报警。拨打"119"火警电话，应到远离现场的地方进行，要说清起火单位及其街、路、门牌号，着火物品和火势大小，是否有人被困。留下报警人的姓名、联系方式等信息。

2. 火灾扑救的方法

1）抓住先机，抢先制胜。抓住火灾初起阶段火势较弱的有利时机，做到查明火情快，信息传递快，战术决策快，用最快的速度控制和扑灭火灾。

2）以冷制热，防止爆炸。在灭火的同时，对着火设备及其周围邻近设备进行冷却降温，防止设备、容器、管道因受高温影响而引起燃烧爆炸。

3）先重点，后一般。在扑救火灾时，一般先扑灭外围火势，然后控制火势向周围蔓延扩大，防止形成大面积火灾。但在扑灭力量不足时，则应根据着火部位的不同情况，先重点，后一般，先易后难，控制火势，待增援力量到达后，一举扑灭火灾。

4）各个击破，适时合围。对于较大面积的火势，应采取各个击破，穿插分割，堵截火势，适时围歼的方法。

3. 火灾扑救措施

（1）断源灭火

1）通过关阀断气来控制、切断流向火源处的燃气，使燃烧终止。未切断气源前，不能急于灭火，防止灭火后气体继续外溢发生第二次着火爆炸事故。燃气集输系统中的容器、管道、塔等部位发生火灾时，着火处不断地得到燃气而持续燃烧，关闭进气阀切断气源后，就能从根本上控制火势，设备、管道或塔中剩余的燃气燃尽后便会自行终止燃烧。

2）计划关阀断气灭火时，必须事前与有关技术人员制定完整的操作方案，综合研判关阀后是否会造成前一工序中的高温、高压设备出现超温、超压而发生爆炸事故。因此在关阀断气的同时，应根据具体情况采取相应的断电、停泵、泄压、放空等措施。

3）关阀断气灭火时，应注意以下几点：

①确保阀门关闭正确；

②在关阀的同时，应不断冷却着火点及受火灾威胁的邻近部位，火灭后，仍需继续冷却，防止复燃复爆；

③当火焰威胁进气阀门而难以接近时，可在落实堵漏措施的前提下，先灭火，后关阀门。

（2）灭火剂灭火

扑救燃气火灾，应选择水（水流切封）、干粉、卤代烷及蒸气、氮气、二氧化碳等灭火剂灭火。利用水枪灭火时宜以 $60°\sim75°$ 的倾斜角射入，用压力大于 $6\times10^3\,Pa$ 的高速水流喷射火焰。

（3）堵漏灭火

气压不大、采取堵漏灭火时，可用氮气吹鼓隔离球，封以黏性固体，高压堵死，也可采用木塞、湿棉被、湿麻袋、湿布、石棉毡或土等封住火口，隔绝空气，使火熄灭。关阀、补漏工作必须严格执行操作规程和动火规定迅速进行，以避免造成第二次爆炸。

4. 燃气泄漏排险措施

1）燃气泄漏尚未着火时，应迅速关闭阀门和落实堵漏措施，杜绝气体外泄。

2）迅速设置警戒区，警戒区是指燃气浓度已超过其爆炸下限的

30%的区域。

3）做好灭火准备，防止泄漏气体遇火源发生着火爆炸。

4）出现以下情况，应立即停止供气：

①临近区域内发生重大火灾，并在继续扩大蔓延；

②已发生爆炸事故，并导致容器或管道损坏，漏气十分严重；

③大量燃气泄漏聚集的场所；

④泄漏处尚未查明，而气体检测仪测定燃气浓度已达到爆炸下限的30%。

5）室内燃气漏气，应立即关闭室内供气阀门，迅速打开门窗，通风换气。

6）禁止一切车辆驶入警戒区内，已停留在警戒区内的车辆严禁启动。消防人员动作应谨慎，防止碰撞金属，以免产生火花；消防车到达现场，不可直接进入燃气扩散地段，应停在扩散地段上风方向和高坡安全地带，做好准备，应对可能发生的着火爆炸事故。

7）根据现场情况，发布动员令，疏散燃气扩散区的居民和职工，迅速熄灭一切火种。

8）警戒区域、冷却部位及灭火、救人、疏散等方案确定，并迅速开展工作。

9）燃气扩散后，部署水枪对准火源根部，作为灭火的主要方向。

10）利用喷雾水或蒸汽吹散泄漏的燃气，防止形成可爆气体。

11）险情排除后，需经过测试，当燃气浓度确已低于爆炸下限时，方可恢复正常生产，解除警戒。

5. 灭火的注意事项

1）扑灭含有较多硫化氢的燃气火灾时，消防人员要佩戴防毒面具或防护面罩，扎紧衣服领口、袖口、裤脚口，勿使皮肤外露。

2）进入现场人员，严禁穿铁钉鞋和化纤衣服。一般先采取淋湿衣服的措施,以防止产生静电火花。操作使用的各种消防器材、工具、手电、手抬泵、车辆等严禁产生火花。

3）堵漏采用木塞时,使用铜锤、胶皮锤等没有火花的工具。

4）为排除室内燃气需破拆门窗时,应选择侧风向,使用木棍或消防斧木柄端击碎玻璃以防止撞击产生火花引起燃气着火爆炸。

5）利用地形、地物（如门板、墙壁、设备、工具车等）做掩体进入,防止冲击波和热辐射的伤害。

6）注意观察储气罐（柜）爆炸征兆。当发现储气罐排气阀猛烈排气,并有刺耳哨声、罐体震动厉害、火焰发白等爆炸前兆时,应迅速组织全体人员撤离。

7）充分利用厂、站、库内灭火设施。

8）灭火时,一定要在指挥员的统一号令下,各尽其职,扑灭火灾。

9）一切非灭火人员应远离现场。

第四章

燃气安全生产及管理

燃气行业作为与城市建设发展、人们日常生活及生命财产息息相关的特殊行业，其安全的重要性已得到社会的广泛重视。因燃气属于易燃易爆物质，燃气系统一旦出现故障或事故，将会造成财产和经济损失，所以燃气生产与运营安全管理作为燃气行业的生命线必须放在首位。

第一节　燃气安全管理工作机制

一、燃气安全生产工作的指导思想

燃气安全生产工作应坚持"以人为本，坚持安全发展，坚持安全第一、预防为主、综合治理"的方针。强化和落实生产经营单位的主体责任，建立生产经营单位负责、职工参与、政府监管、行业自律和社会监督的机制。安全隐患大于明火，防范胜于救灾，责任重于泰山，这些警句表明：预防不是针对已经出现的应急事件，而是通过强化责任意识来保证无事故状态的连续性。生产与运营安全工作的指导思想是以保证无事故的观念来加强单位在管理工作、生产工作中存在的安全隐患，并监督和落实改进，达到全面、严谨管理，完善的技术手段，实现单位安全的整体效果，保持安全平稳运行的持续状态。

安全管理工作的目的是确保单位无事故运行状态的持续性和连贯性。事故的概念是广义的，是指燃气单位在管理、技术工作中的隐患和事件。工作的进展与发展水平会因各种因素（如环境因素、技术手段、管理措施、人为因素、气候影响等）出现波浪式进程，但单位的安全状态应在事故域的上、下限之间，即工作的改进所产生的波动效应是良性的正效应，是保证无事故运行的前提。

二、燃气安全管理工作的性质

燃气安全管理工作是燃气行业所有管理和技术工作的综合效果，是生产和运营过程中的一种动态状态。安全管理工作不是一个独立的工作，是工作技术管理、人员管理和管理技术措施等方面在实施安全预案中有机衔接的过程和结果。安全管理主要体现在预防为先，健全各安全隐患的应急预案，安全管理工作就是要确保生产和运营单位在管理规范、设备设施运行良好的状态下，确保安全生产。可见，安全管理是生产运营单位在全面、严谨的管理措施中，保持无事故运行的动态状态。因此，安全管理的目标是保证生产和运营单位无事故运行。要实现这个目标，必须依赖全面、严谨的安全管理、完好的设备设施功能，缺一不可。而全面、严谨的管理，体现在全体工作人员对安全的重视程度上，即从事管理工作、生产、运营工作的人员具有尽可能完美地把安全意识、安全技能落实在燃气运输、配送、供应、服务、储存的各个环节中的能力，切实做到管业务必须管安全、管行业必须管安全、管生产经营必须管安全，形成人人关心安全生产、人人提升安全素质、人人做好安全生产的局面,从而整体提升安全生产水平。设备设施完好反映在通过新技术、新设备、新材料的应用,提升和完善设备的应急保障上,确保工程现场安全平稳运行,出现应急事件时,能在第一时间实现相应功能,达到减少人员财产损失的目的。

三、燃气安全管理的范围

根据燃气生产和运营的设备设施、施工、运行、使用等不同区域,燃气安全管理工作范围可分为厂(站)内部、外部(管网设施)和用户3个方面,是一个全过程无缝管理。这3个方面的安全管理包括从设计到施工、到用户使用(运营)、到设备设施报废的每一个环节的安全计划、安全评价、安全监管、安全目标、安全投资、安全技术、安全作业等系统的全方面管理工作。每个方面都需要对以下要素进行安全管理。

设计:最新强制规范的应用,设计质量、设计文件、方案的优化,与相关建筑物的适应性等,是燃气生产与运营安全的基础。

施工与监理:施工环节的资质、施工器械、质保体系、技术资格、施工现场组织、隐蔽工程、工作流程、基建程序等;监理企业资质、人员专业性、人员配置、监察方法等都会影响工程质量的高低。施工质量是燃气安全的基石。施工过程中每道工序的质量对安全都有至关重要的作用。

验收:施工质量问题的一票否定,验收文件的合法性、完整性、有效性,对运行、管理的指导性等,对安全生产有深度影响。

运行:生产、运输、配送、储存、维护、抢修所涉及的设施设备、技术人员、规章制度、规范等安全管理得到保障。

供气:气压、气质、气量、检测、巡检、计量等涉及的环节、设施、制度、人员。

服务：全面、规范、优质的服务，日常管理、户内管理、安全使用宣传周、用气环境检测等。

以上环节都是安全生产管理不可缺少的工作范围，从源头重视燃气安全。在安全管理配置上，由安全设备设施（硬件系统）和配套的安全管理系统（软件系统）两大类工作需要探讨、研究、保障和不断优化。随着科学技术的发展，安全管理的设备设施也随之发展，如硬件系统功能升级、软件系统的优化同样也是安全管理的重要内容，随着近年来物联网大数据时代的到来，燃气行业安全管理也提出了新的机遇和挑战。将管理系统软件运行的可靠性、安全性与硬件的保护结合在一起。二者相互联系、相互影响。设备任一部分的隐患、缺陷，都会导致整个燃气系统的灾难，如运行系统的电位平衡、屏蔽、接地、过压放电、雷击、电涌等瞬变量产生的损害就是两者俱伤，并引发更大的硬件/软件灾害。

燃气生产运营单位的安全管理工作随着科学技术的进步而提高、扩展。对安全管理人员和员工的素质要求也随之提高。

尽管安全管理工作的范围广、环节多、内容杂，但都离不开对生产、输送、使用等设备设施、器具使用环境和条件的管理的要求。无论在任何情况下采取技术措施，重点都是没有设备设施、器具、使用环境、条件泄漏等现象和隐患。

四、燃气安全管理工作的内容与方法

1. 燃气安全管理工作的目标与责任

燃气安全管理工作的目标是保持生产、输送和使用环节，安全无事故运行的持续状态。每个燃气生产经营单位对本单位安全管理工作目标建立相应的体制机制建设，确保安全平稳运行。

要完成这个目的，就必须对本单位每个环节实行科学管理。依靠规范的工作流程确保目标的落实。从目标管理而言，目标的制定、确立、分解、布置、实施、检查、评价、反馈、修订等，进行 PDCA 循环[Plan（计划）、Do（执行）、Check（检查）和 Action（处理）]，与燃气生产、输送和使用等所有环节紧密连在一起，并贯穿每个环节。

对于安全工作来讲，维持无事故运行状态，保持这种效果的稳定性和连续性，问题的关键在于如何能迅速、准确地发现显现的和潜在的安全隐患。而有效地发现隐患，解决问题，取决于规范的技术水平、标准的管理，全面的工作环节，科学的技术手段，闭环的责任意识，严格的管理过程控制。发现安全隐患，并及时解决，是燃气安全的关键之一。

全面的安全管理工作是体制机制、设备设施、技术力量的有机结合，高层决策者必须抓住、抓好这 3 个方面的良好衔接。

2. 安全管理工作的内容

安全第一、预防为主，安全管理的内容如下：

1）以预防为主，对项目进行安全风险评估。提前对生产装置和作业中潜在的危险因素进行综合分析、判断和预测，进而采取有效的方法、手段和行为，控制或消除这些危险，防止事故的发生。

2）提升安全设备设施装置的水平，做到安全和生产的有机统一，综合考虑强度设计、功能设计、设备设施功能等因素，设置防止误操作的安全装置及采取预防性设备功能维护等措施，从而实现装置的可靠性和持久性。

3）建立全面的三级联动安全管理责任体系，把生产运营单位中的高管人员、工程管理人员和操作人员三者紧密结合起来。

4）定期开展安全培训和演练，安全培训是培养和保持高素质员工最有效的安全管理办法之一，进行安全科学知识和安全应急技能的培训，增强职工的安全意识和技能水平，降低生产运行单位的安全隐患，增强单位的应急能力和安全管理水平。

5）根据生产过程的安全现状，不断修订优化安全管理预案，提高安全管理水平，使生产能在安全、稳定的前提下，实现长周期运转，进而实现单位的安全平稳运行。

3. 燃气安全管理的方法

（1）转变燃气安全管理观念

燃气企业在安全管理观念上必须适应燃气安全管理的社会性、外延性、综合性的特性，完成以下转变：

1）由纵向单因数管理转变为纵横结合的综合因数管理；

2）由事后型管理转变为预防型的隐患管理；

3）由静态管理转变为动态管理；

4）由单纯经济效益管理转变为综合效益经济管理；

5）由滞后、被动、辅助管理转变为主动、本质、超前管理；

6）由被迫角色管理转变为自觉、激励型主角管理；

7）由粗放型管理转变为先进科技型管理；

8）由孤立型管理转变为全员、全方位、全过程全面管理。

（2）燃气安全管理基本方法

1）建立健全安全生产责任体系。

燃气生产和运营单位应根据《中华人民共和国安全生产法》等相关法律法规，按照"谁使用、谁负责，谁主管、谁负责"的原则，建立健全从业人员安全生产责任，明确责任人，建立健全由法人、分管负责人和现场工程人员联动的安全生产三级联动责任体系。同时明确从业人员定期参加安全培训与考核制度、严格持证上岗制度、绝对严格禁止无证上岗制度、安全巡查制度、安全隐患及整改制度、明确安全建设经费制度，健全安全生产管理工作组，项目风险评估等。

2）抓关键环节。

安全管理属于动态管理，涉及时间、空间的变化过程。在不同的时间段，不同的事件成为工作的关键环节。这些环节相互影响，任何一个环节不完好，都可能影响安全生产和运营。因此，必须牢牢抓住关键环节，系统地解决问题。

抓关键环节要注重能迅速准确地发现当前工作的关键环节、同时能有效率、有方法控制并处理关键环节出现的问题。

3）安全管理是闭环。

燃气生产与运营遵循管理的基本规律和规则，每个安全管理的工作过程都属于闭环管理，即 PDCA 循环，经过一个循环可使管理水平得到提升。这个闭环管理是依靠信息的有效衔接实现的，信息的发布需要有严谨的程序保证；信息的处理有完整的过程，同时信息的反馈需要有严格的控制。这样才能保证在管理活动中得到真实、可靠、及时的管理信息，使安全管理工作始终保持在可控状态。

4）提升安全管理人员的心理素质。

燃气生产和运营单位人员应具备能胜任安全管理工作的能力和素质，加强心理素质教育，提升人员安全技能水平，使安全管理的各项制度和预案切实可行。全体人员都要按照确保无事故的要求有条不紊地进行生产经营服务活动，保持企业无事故运行的状态，保障燃气行业安全平稳运营。

4. 运行阶段安全管理工作的核心内容

运行阶段安全管理工作的核心内容是燃气设备、设施安全不泄漏。任何的连接和密封方式，泄漏都不可能完全避免。但发生火灾和爆炸事故是完全可以避免的。

泄漏出现与设备状况、工艺过程、操作水平、维护保养等因素有关，更与管理工作息息相关。燃气安全管理工作的核心任务是对密封

（无泄漏）的管理，要做好所有密封点不发生泄漏（准确地讲，控制发生危险泄漏量）的管理，应做好以下工作：

（1）掌握易发生泄漏的部位和条件

作为燃气工作人员应把所负责区域燃气设施设备的漏点作为自己日常工作的焦点。哪些地方漏、为什么会漏、怎样产生漏、哪些时间漏、会漏多少、漏了怎么办等都是平时要考虑的关键问题。从厂（站）内部来看，除了腐蚀，所有漏点都与动静密封有关。因此作为工作人员必须掌握所辖工作区域有多少密封，在哪些区位，密封的方式、材料，安装的时间，维护周期，排查方式等资料。同时必须掌握查漏方式、方法及泄漏类型，不同类型的密封用哪些不同的方法来处置、谁来做这些工作、会不会做等也需要提前做好预案。

（2）规范密封的管理和可操作性

要做好一项工作，需要规范的制度来保障。这些制度必须要规范、有可操作性。首先，管理方法要得当。例如，对泄漏的检查不是所有人都能查到，必须借助高效、可靠的仪器开展查漏工作。但是操作方法、检查方法、维护方法和周期因人而异，这就依靠操作人员规范的操作。其次，根据厂（站）工艺安全管理流程安排，明确管理范围、责任区、责任人、管理方法、时间、器具以及预案。最后，防漏还要防止人为的燃气放散违章，违反工艺要求，形成余气余液过量酿成灾祸。安全管理制度、标准的制定、审核、修订、发布等，应有严谨、科学、完整的程序，来保证制定的安全责任制度能落实到每个环节。

（3）厂（站）外部管道的管理

供水、供电、排污等相邻管网施工造成燃气管道、设施损坏，管道腐蚀，地下井室的泄漏，与其他地下设施连通是管理的重点。加强管网巡查、对重点地段的监控、对违章行为的制止3项工作的切实到位是有效的手段。建立专业、高效、精良配备的巡查技术力量是基本的保障。实行社会监督网络、推行报告方式是有力的措施。坚持扩大对燃气管网一定范围内的其他地下设施的检查监控是必不可少的手段。

第二节　安全生产风险管控制度

无数安全生产的经验告诉我们，预防事故，实现安全生产，必须建立安全生产风险管理和控制长效机制。安全生产风险管控是解决目前安全生产存在问题的最好方法，开展危险源辨识和风险评价、控制及安全隐患排查治理，使安全生产风险可控、在控，减少事故的发生。风险管理和控制必须做到统一思想、提高认识、加强领导、落实责任、扎实推进，使安全生产风险管控与实际工作紧密融合，逐步建立安全生产长效机制，才能确保每个风险点都能得到有效控制。

一、安全生产风险管控的基本要求

1. 成立安全组织机构

燃气生产与运营单位应成立由单位主要负责人、分管负责人和各职能部门负责人以及安全、生产、运行、技术、设备、服务等各类专业技术人员组成的风险分级管控领导工作组，单位主要负责人任组长，负责牵头风险分级管控工作，为该项工作的开展提供必要的人力、物力、财力支持；分管安全风险的负责人负责具体组织、协调、调度、汇总等工作；其他各分管负责人负责分管范围内的风险分级管控工作，其他各级相关人员按岗位职责参与风险辨识、分析、评价和管控工作。

2. 实施全员培训

燃气行业企业应制订风险分级管控培训计划，并纳入单位年度安全培训计划，分层次、分阶段组织全体员工进行安全培训，使其掌握风险类别、危险源辨识、风险评价方法和应急安全技能、风险评价结果、风险管控措施，并保留培训记录。

3. 编写风险管控体系文件

燃气行业单位应建立风险管控制度、应急预案、风险台账、巡查记录、危险源台账、工作危害预估、安全检查记录和风险分级管控清单等有关记录文件，确定危险源辨识、分析、风险评价方法及等级判定标准等。

4. 落实安全生产风险管控体系

燃气行业单位应建立完善的安全生产风险管控目标责任考核制度，并纳入单位年度考核，形成激励先进、约束落后的工作机制，按照"全员、全过程、全方位"的原则，明确每个岗位辨识风险、分析风险、落实风险控制措施的责任，并通过试运行、修订等，不断完善安全生产风险分级管控体系。

二、安全生产风险管控工作的程序和内容

1. 风险点确定

1）设施、部位、场所、区域。

风险点划分应遵循"大小适中、便于分类、功能独立、易于管理、范围清晰"的原则，燃气行业风险点划分按照燃气场站、管网、用户等设备设施进行，如门站、储气站、加气站、调压站等，并填写燃气设备设施风险点统计（表4-1）等。

表 4-1　燃气设备设施风险点统计

序号	名称	类型	区域位置	可能发生的事故类型	现有风险控制措施	管控层级	责任单位	责任人	备注
1									
2									
3									

2）操作及作业活动。

对操作及作业活动等风险点的划分，应当涵盖生产经营全过程所有常规和非常规状态的作业活动。例如，瓶装作业岗、设备运行操作岗等，对于操作难度大、技术含量高、风险等级高、可能导致严重后果的作业活动应重点进行管控，如带气维修、动火等特殊作业活动等，并填报作业活动清单（表 4-2）。

表 4-2　燃气公司作业活动清单

部门：＿＿＿＿＿＿＿＿＿＿＿＿＿＿＿＿＿＿＿＿＿＿

序号	作业活动名称	岗位/地点	活动频率	备注
1				
2				
3				

2. 风险点排查

（1）风险点排查内容

燃气行业单位应按风险点划分原则，在本单位生产、经营、服务活动区域内进行生产经营服务，组织生产、工艺、技术、设备、电气等专门力量，全面参与、全方位、全过程对生产工艺、设备设施、作业环境、人员行为和管理体系等方面存在的安全风险进行排查，形成包括风险点名称、类别、区域位置、可能发生的事故类型及后果、责任单位等内容的基本信息，并建立燃气公司风险点登记台账（表 4-3）作为存档资料。

表 4-3　燃气公司风险点登记台账

部门：＿＿＿＿＿＿＿＿＿＿＿＿＿＿＿＿＿＿＿＿＿＿

序号	名称	类型	区域位置	可能发生的事故类型及后果	现有风险控制措施	管控层级	责任单位	责任人	备注
1									
2									
3									

（2）风险点排查人员组成

燃气行业单位的风险点排查人员由单位负责人、安全管理人员、相关技术人员、职能部门人员、一线相关人员（或外部专家）组成。基于法律法规、规章标准、安全知识和经验等，对风险点名称、覆盖范围、包含的危险源、潜在的事故类型等作出判断。

（3）危险源辨识方法

1）对于作业活动，宜采用工作危害分析法进行危险源辨识，在作业活动划分时，遵循按功能、目的或性质上相对独立原则，以生产流程的阶段划分为主，也可以采取按区域划分、按作业任务划分的方法，或几种方法有机结合等。

2）对于设备设施、区域、场所，宜采用安全检查表法进行危险源辨识，按照设备功能或结构划分若干检查项目，并列出每个检查项目的标准，对应标准确定设备设施等。

3. 风险点分级管控

（1）风险评价分级

燃气行业单位选择适用评价方法进行风险评价分级，风险定为"红、橙、黄、蓝" 4 级（红色为最高级别），分别为重大、较大、一般、低，依次对应一级、二级、三级、四级：

一级风险（红色）：不可允许的风险，重大危险，必须立即整改，不能继续作业。

二级风险（橙色）：较大危险，必须制定措施进行控制管理，重点控制管理。

三级风险（黄色）：一般危险，需要控制整改，安全风险引起关注。

四级风险（蓝色）：低危险，可以接受或允许的，安全风险由相关负责人关注。

（2）风险分级管控要求

1）遵循风险越高，风险分级管控层级越高的原则，对于操作难度大、技术含量高、风险等级高、可能导致严重后果的作业活动进行重点管控，上一级负责管控的风险，下一级必须同时负责管控，并逐级落实具体措施。

2）风险分级管控层级可进行增加或合并，燃气生产和运营单位应根据风险分级管控的基本原则，结合本单位机构设置的情况，合理确定各级风险的管控层级，风险管控层级一般分为公司级、部门级、班组（岗位）级3级。

3）风险分级管控层级：一级风险、二级风险可由公司管控，三级风险可由部门管控，四级风险可由班组（岗位）管控。

（3）编制管控清单和统计表

燃气行业单位应在每轮风险辨识和评价后，编制包括全部风险点各类风险信息的作业活动风险分级管控清单和设备设施风险管控清单，并完善重大风险点统计表中管理层级、责任部门和责任人等相关内容。

（4）风险告知

风险评估后应将评估结果及制定的风险控制措施，可能引发事故隐患类别、事故后果、管控措施、应急措施等内容通过不同的方式告知相关单位、人员、用户。

三、安全生产风险管控成果

燃气行业单位开展风险分级管控体系建设过程，应产生以下成果：

1）风险点排查台账；

2）作业活动风险分级管控清单；

3）设备设施风险分级管控清单；

4）危险源辨识清单及分级管控信息表；

5）重大风险点统计表；

6）危险源辨识与控制措施；

7）风险信息告知牌等。

燃气行业生产运营单位应建立不同职能和层级间风险管控内部沟通机制，同时安全生产风险管控制度也需要与时俱进，根据相关法律法规制度建设不断修订完善，同时建立与相关方的外部沟通机制，及时有效传递风险信息，树立内外部风险管控信心，提高风险管控效果和效率。重大风险信息更新后应公示或公布，并及时组织相关人员进行培训提升。

第三节　事故隐患排查治理制度

事故隐患排查治理，是生产经营单位在安全生产管理过程中的一项法定工作，能迅速消除安全生产中发现的事故隐患，最大限度地减少事故，有效遏制安全责任事故的发生，根据《安全生产法》第四十一条的规定：生产经营单位应当建立健全并落实生产安全事故隐患排查治理制度，采取技术、管理措施，及时发现并消除事故隐患。事故隐患排查治理情况应当如实记录，并通过职工大会或者职工代表大会、信息公示栏等方式向从业人员通报。

安全隐患排查的目的是加强事故隐患的监督与监管，防止和减少事故的发生，保障工作人员的生命安全和财产安全，开展安全隐患排查，有利于有效、及时发现并解决安全隐患，有利于生命安全与财产安全，有利于社会和谐、稳定发展，保障行业可持续发展。

在重点行业和领域开展安全生产隐患排查治理专项行动，是国家为加强安全生产工作而作出的重要决策。相关部门严格按照"四不放过"原则，查清事故原因，吸取事故教训，认真排查治理各种隐患，有效防范重、特大事故。

一、隐患及其分类

1）隐患是指可导致事故发生的危险状态，人的不安全行为、物的不安全状态及管理上的缺陷。

2）隐患分类：安全事故隐患依据作业场所、设备及设施的不安全状态，人的不安全行为和管理上的缺陷，可能导致事故损失的程度分为4级。

一般事故隐患，是指危险性较低、事故影响或损失较小的隐患。可能造成3人以下死亡，或者10人以下重伤（包括急性工业中毒，下同），或者1 000万元以下直接经济损失的安全事故隐患。

较大事故隐患，是指可能造成3人以上10人以下死亡，或者10人以上50人以下重伤，或者1 000万元以上5 000万元以下直接经济损失的安全事故隐患。

重大事故隐患，是指危险性较大、事故影响或损失较大的隐患。可能造成10人以上30人以下死亡，或者50人以上100人以下重伤，或者 5 000 万元以上 1 亿元以下直接经济损失的安全事故隐患。

特别重大事故隐患，是指危险大、事故影响或损失大的隐患。可能造成 30 人以上死亡，或者 100 人以上重伤，或者 1 亿元以上直接经济损失的安全事故隐患。

二、隐患排查方法

为落实燃气生产运营安全生产责任制，及时消除各级、各类安全生产事故隐患，切实预防不安全事故的发生，必须建立健全事故隐患排查机制。

燃气安全生产事故隐患排查应遵循"分级管理、专业负责"的原则，分为经常性检查、专业检查、定期检查和综合性检查 4 类。

1. 经常性检查

经常性检查包括岗位检查、巡回检查和重点检查 3 种形式，具体规定如下：

各岗位员工在班组长的带领下实施"一班三检"（班前、班中、班后），检查的重点是燃气调压设施、燃气阀门、放散阀、燃气报警器等设备设施运行状况、作业人员违章违规现象的及时纠正等，燃气泄漏检测手段主要以报警器检测、人体感官、风向标识杆等具体形式。

燃气安全、生产技术专业人员实施定期或不定期的巡逻检查，检查的重点是及时发现和纠正各类"三违"现象，各类危险点、危险源控制措施的落实情况，设备、设施及建筑缺陷和现场环境的安全状况等。

燃气生产安全事故或未遂事故所暴露、潜在的问题，各时期的重点工作进行重点检查，具体组织由安全管理部门负责，涉及的专业组、部门参加。

2. 专业检查

燃气安全防护、救护器材、消防器材、应急管理等各专业管理检查由各相关专业、职能部门具体组织实施。

3. 定期检查

1）各班组必须坚持"一班三检"原则，责任人为班组长。

2）国家法定节假日前后各部门都要组织一次全面的综合检查，责任人为单位主管、各部门负责人。

4. 综合性检查

燃气综合性安全生产事故隐患排查由单位主要负责人带队，安全、生产、综合管理、各专业组参加，进行思想、制度、管理、隐患等全面检查，按综合性生产安全事故检查计划组织。

5. 燃气事故隐患级别及整改责任划分

1）一般事故隐患，是指作业现场存在的，在作业区范围内能够按期整改的隐患，由作业区、单位主管负责落实整改，本公司安全员监督。

2）较大事故隐患，是指部门无能力解决，需分公司有关部门制定整改方案协助解决的隐患，由隐患所在专业管理组逐级递交隐患报告，督促落实，公司安排安全生产专职部门监督。

3）重大事故隐患由公司召集有关部门、专家研究制定方案，列入安全管理体系方案，由公司组织实施，部门配合整改，单位安全生产专职部门监督。

6. 燃气安全生产事故隐患上报及处理程序

1）一般事故隐患现场解决，当班班组长、安全员将整改情况上报给作业区负责人。

2）较大事故隐患由作业区负责人、安全员或现场检查人员逐级上报给安全生产专职部门。

3）重大事故、特别重大事故隐患，当班班长妥善安排作业人员暂停或撤离隐患现场，逐级上报（必要时可越级上报），并派专人加强现场警戒和安全监护。

上级职能部门检查发现的事故隐患执行上述程序，安全生产监督部门视隐患等级情况，下达隐患整改通知书，限期整改，整改完毕后，相关单位、部门在规定期限内反馈整改情况，安全生产监督部门复查验收。

7. 燃气设施安全检查内容

（1）一般规定

1）各种主要的燃气设备、阀门、放散管、管道支架等应编号，号码应标在明显的地方。

2）有泄漏燃气危险的平台、工作区域等，均必须设置相对方向的两个出入口。

3）各类带气作业处应分别悬挂醒目的警告标志。

4）燃气辅助设施保持完好有效。

5）对于设备腐蚀情况、管道壁厚、支架标高等每年重点检查一次，并将检查情况记录备案。

6）燃气危险区域的可燃气体浓度必须定期测定，在关键部位应设置气体监测装置。

（2）用气点

1）每个炉子应分别设置独立的放散管。

2）相关燃烧阀门的头部有明显开关标志。

3）燃烧阀门前有放水或放气头。

4）阀门严密、灵活、无泄漏。

5）助燃管道及管道设置低压报警装置。

（3）管道

1）厂区主要燃气管道须标有明显的气体流向和种类。

2）所有可能泄漏燃气的地方均须悬挂醒目的警示标志。

3）管道本体无可见泄漏（含法兰、阀门及附属装置）。

4）燃气管道与水管、热力管、燃油管和不燃气体管在同一支柱或栈桥上敷设时，其上下敷设的垂直净距不宜小于 250 mm。

三、隐患整改原则

1）隐患的预防原则为"安全第一、预防为主、综合治理"；

2）隐患的负责原则为"抓生产必须先抓隐患整改"和"谁主管，谁负责"；

3）隐患的整改原则为"谁存在事故隐患，谁负责筹措资金进行整改"和"迅速、及时、彻底完成彻底隐患整改"；

4）隐患的上报原则实行隐患部门及主要负责人负责制，重、特大隐患整改期间昼夜监控和重、特大隐患整改逐级上报制。

四、隐患建档

所有隐患必须建立隐患台账，重、特大事故隐患应"一事一档"。隐患档案一般包括隐患部门、具体位置或部位、类型、相关图片、整改方案、整改责任部门、责任人，整改期限及标准要求，隐患整改阶段性总结及情况反馈意见、隐患消除和按照"四不放过"的原则查处事故隐患等相关资料。

1）燃气行业生产和运营负责人应当组织主管和安全员对安全生

产状况进行经常性、专业性和综合性的检查，并对检查中发现的隐患和问题马上处理，不能马上整改的要根据事故隐患等级进行登记，建立事故隐患信息档案，制定隐患整改方案或重大事故隐患整改方案。

2）定期对事故隐患排查状况进行统计分析，并向安全生产监管部门和有关部门报送书面统计分析表，对于重大事故隐患，应准时根据规定向安全生产监管部门和有关部门报告。

3）对排查上报的重大事故隐患准时进行确认。属于重大事故隐患的，安全生产监管部门应建档监控挂牌督办；不属于重大事故隐患，但短期内难以消退的，要责成相关责任人进行整改。挂牌督办的重大事故隐患，要明确整改主体责任人和监控责任人，以利于隐患消退和责任追究。

4）挂牌隐患整改完成后，由隐患整改主体责任人提出书面申请，由安全生产监管部门验收合格，予以撤销安全隐患。

5）安全生产监管部门是各单位重大事故隐患监控和整改落实跟踪督办的内设机构，部门主任是责任人，督促有关的隐患整改责任人落实各项防范措施，对单位重大事故隐患的整改状况进行监控并跟踪督办。准确把握重大事故隐患整改进度，督促有关责任人根据整改方案对重大事故隐患进行整改，彻底消退重大事故隐患。

6）重大事故隐患在整改期限内完成治理任务，经有关部门验收合格后，安全生产监管部门应撤销隐患，并向职工公告，将有关安全隐患信息档案归档管理。

五、隐患整改

1）人的不安全行为整改，本着"发现一处，随时消灭一处"的整改原则，对人为隐患，要通过加强安全宣传教育，严抓各项制度落实，强化考核，拒绝"三违"行为（"三违"行为是指在生产作业和日常工作中出现的盲目性违章、盲从性违章、无知性违章、习惯性违章、管理性违章以及施工现场违章指挥、违章操作和违反劳动纪律等行为），努力提高全员遵章守纪的自觉性和安全防范意识，消除人的不安全行为。

2）物的安全隐患整改，要增加必要的安全投入，及时按相应技术规范和标准要求维修、加固、整治隐患部位，重视隐患部位的养护和跟踪监控，加强现场管理，建立隐患整改信息联络体系，确保隐患整改措施得力，责任到人，整改到位，并填报安全隐患整改登记表（表4-4）。

表4-4　安全隐患整改登记

时间：_____ 年_____ 月_____ 日

存在隐患的部门				
部门责任人			联系电话	
主管部门责任人			联系电话	
隐患部位			隐患类别	
隐患形成的原因				
隐患可能引发的后果				
隐患等级	一级□	二级□	三级□	四级□
采取的临时防范措施				
整改责任部门		整改责任人	整改完成时间	
备注：				

填表人（签名）：_____　　部门负责人（签名）：_____

3）隐患整改要按计划及时限要求完成。对一时不能整改彻底或整改期限长的，要采取强有力和切实可行的安全监控及防范措施，制定相应的重、特大险情和安全事故应急处理预案，严格24 h昼夜值班制和领导带班制，确保万无一失。

六、隐患整改监督检查

1）安全生产领导小组负责协调、指导、监督系统内隐患整改工作，隐患部门具体负责隐患整改的方案实施、监控、安全防范。

2）建立隐患整改定期调度制度。隐患部门每周检查一次整改情况，安全生产领导小组或委托其办公室每月督查一次全项目部隐患整改情况。

七、隐患整改总结及信息反馈

隐患整改完毕，隐患部门要形成隐患整改总结，并按规定上报。同时，按照"四不放过"的原则查处事故隐患，追究构成事故隐患的责任人，杜绝类似情况再次发生。

八、奖惩制度

以危险隐患排查治理行动为契机，推动重大危险源监督管理工作和事故隐患排查治理工作的深入开展，既要切实消除严重威胁安全生产的突出隐患，又要落实治本之策，加强制度建设，建立安全生产的长效机制。同时高度重视隐患整改工作，力求把各类隐患消灭在萌芽状态。特别是对重特大隐患整改及时、彻底的，可给予通报表彰，并对及时发现、上报重特大事故隐患的，或在隐患整改中表现突出的个人给予一定的物质或精神奖励。对存有隐患，尤其是重特大安全隐患瞒报、整改措施不力，或久拖不改、不按规定及时整改到位的部门，对因整改不彻底而酿成事故的，从严追究部门负责人及相关人员的责任。

　　隐患排查治理认真贯彻落实"安全第一、预防为主、综合治理"的方针，加大安全投入，加快安全技术改造，淘汰落后生产能力，提高安全生产管理水平，增强事故防范能力。隐患排查治理行动与行业和领域的专项整治工作相结合，全面强化安全生产基础，同时要广泛发动，群防群治，充分依靠和发动广大从业人员参与隐患排查治理工作。生产经营单位紧紧依靠技术管理人员和岗位员工，调动职工群众的积极性，发挥对安全生产的知情权、参与权和监督权，组织职工全面细致地查找各种事故隐患，积极主动地参与隐患排查治理。

　　隐患排查治理能否广泛深入地开展起来并取得预期的成效，思想认识是关键。各级员工特别是安全生产监督管理人员、监察人员，必须认真学习领会相关法律法规，充分认识开展隐患排查治理的必要性和重要意义，把它作为一项长期的、长效的机制来执行。

第四节　城镇燃气工程建设

　　城镇燃气工程建设基本上可以划分为 4 个阶段：前期阶段、准备阶段、实施阶段和投产运行阶段。

　　前期阶段的主要工作包括投资机会研究、初步可行性研究、可行性研究、项目评估及决策等。

　　准备阶段的主要工作包括项目的初步设计和施工图设计，工程项目征地及建设条件的准备，设备、物资采购，工程招标及确定承包商、签订承包合同等。

　　实施阶段的主要工作包括工程项目施工、联动试车、试生产、竣工验收等。

　　投产运行阶段的工作主要由建设单位自行完成或成立专门的项目公司承担。

一、严格办理施工手续，确保源头合规

在城镇燃气工程建设过程中，应及时跟进项目的报批、报建、审查与验收审批等各种手续的办理，确保工程项目符合法律、规范的要求。

城镇燃气工程建设单位应根据国务院颁布的《国务院关于投资体制改革的决定》（国发〔2004〕420号），严格办理各项手续。

企业投资建设的重大和限制类项目，实行核准制管理程序。主要核准程序：实行核准制的企业投资项目，项目单位先分别向城乡规划部门、国土资源部门和生态环境部门申请办理规划选址预审、用地预审和环境影响评价的手续；履行相关手续后，项目单位向发展改革委等项目核准部门申报核准项目申请报告，并附规划选址预审、用地预审和环境影响评价审批文件；项目单位依据项目核准文件，向项目规划部门申请办理规划许可手续，向国土资源部门申请办理正式用地手续；项目单位依据相关批复文件，向建设主管部门申请办理开工手续。

核准目录之外的企业投资建设项目，除国家法律法规和国务院专门规定禁止投资的项目以外，实行备案制项目行政管理程序。备案制项目行政管理程序：项目单位必须首先向发展改革委等备案管理部门办理备案手续；备案后分别向城乡规划部门、国土资源部门和生态环境部门申请办理规划选址、用地和环境审批手续；项目单位依据相关的批复文件，向建设主管部门申请办理项目开工手续。

二、根据规范要求和实际情况，确定可行的设计方案

在城镇燃气工程建设过程中，设计是质量保证和安全运行的起点，设计质量的好坏与今后燃气生产经营活动有着密切的联系。

建设单位应对接设计人员，在详细收集市场信息、现场勘查的基础上，加强沟通交流，结合规范要求、现场实际情况及后期生产运行需要，反复对比技术方案和投资成本，选择经济合理、安全可靠的方案。

施工过程是将设计方案转换为实际的过程，工程建设相关方应在熟悉图纸的基础上，做好图纸会审与设计交底，认真了解设计方案与工程现场的实际情况，严格按照规范要求和设计图纸进行施工建设。

工程设计不仅可以从源头加强施工成本的控制，杜绝设计过程中产生的缺陷，还为后期的生产运行维护提供了安全可靠的保证。

三、依法依规开展招标活动，确保工程采购过程公开透明

城镇燃气工程建设单位主要对工程建设项目、主要材料和设备采购项目以及其他工程咨询服务项目开展招标活动。

城镇燃气工程建设单位应根据行业特点及工程项目规模、技术难度等，合理确定投标人资质、资格、业绩要求；对勘察、设计、监理、施工、无损检测、设备材料等承包商、供应商，按照国家招投标相关法律及公司相关规定，采取公开、邀请、竞争性谈判等方式进行招标。

招标活动必须遵守有关法律法规以及公司内部的相关制度。招标活动遵循公开、公平、公正和透明原则。整个招标过程必须具有充分的透明度，包括项目信息、投标单位资格条件、评标标准、中标结果公开，并明确公布举报途径，杜绝"暗箱操作"。

四、加强施工过程管理，做好工程安全、质量、成本、进度控制与监督

施工过程中，必须对工程建设的安全、质量、成本、进度等全过

程进行控制与监督，将"三控三管一协调"工作贯穿整个施工过程。"三控"是指"质量控制、成本控制、进度控制"。"三管一协调"是指"职业健康安全与环境管理、合同管理、信息管理和组织协调"。

1. "三控"

（1）质量控制

我国实行工程质量终身责任制。工程建设项目质量应符合现行国家法律法规、标准和施工图要求。工程建设各相关单位应对质量活动结果评价、认定，对工序质量偏差进行纠正，对不合格产品进行整改和处理。通过分析提出施工质量改进的措施，保证质量处于受控状态。

（2）成本控制

成本控制贯穿工程项目管理活动的全过程和各个方面，每个环节都离不开成本控制和管理。

（3）进度控制

工程进度管理的最终目的是确保工程建设项目按预定的时间启用或提前交付使用。建设单位应根据项目实施计划组织施工力量，对进度计划实施情况进行跟踪检查，发现进度计划执行受到干扰时，应及时采取措施或调整计划，确保按计划完成项目。

2. "三管一协调"

（1）职业健康安全与环境管理

职业健康安全与环境（HSE）管理是健康（Health）、安全（Safety）和环境（Environment）"三位一体"的管理体系。

城镇燃气安全管理具有社会性、开放性和长期性的特性，风险密集、人群密集、楼宇密集。燃气经营企业应在传统安全管理的基础上，全面推行和实施 HSE 管理体系，建立风险管理模式，以减少或避免事故的发生，向公众展示良好的安全形象。

（2）合同管理

为了加强工程的有效管理，建设单位与承包商、供应商之间建立了以合同为纽带的关系。合同贯穿工程建设全过程，是质量、进度、成本控制、工程进度款支付、结算、索赔与反索赔等的统一的依据。通过加大合同执行力度，严肃违规行为处罚，用合同有效地控制工程项目的实施。项目管理人员必须熟悉合同，才能进行有效的工程管理。

（3）信息管理

在整个工程项目施工过程中，加强工程建设相关方之间的信息传递工作，对重要的信息和工作要求要及时进行收集、归类存档，并在工程完工后形成完善的竣工资料，方便后期工程量的核准以及工程过程的追溯。

（4）组织协调

组织协调主要是通过内外部关系协调，建立流畅、有序的工程调度体系。参建的各单位在工程建设中虽然职责不同，分工不同，但要做到既有监督检查，又要相互协作。建设单位应全局掌控，平衡协调，防止相互推诿。

五、据实做好工程结算工作

单位工程竣工验收后，由施工单位提出、经建设单位审核签认的，以表达该项工程的建筑安装工程施工造价为主要内容，并作为结算工程价款依据的经济文件，即工程结算。工程结算直接关系到建设单位和承包商的切身利益。

单位工程竣工验收后，由建设单位编制的综合反映该工程从筹建到工程竣工投产（使用）全过程中各项资金的实际运用情况、建设成果及全部建设费用的总结性经济文件，即工程决算。

工程结算、决算审计是基本建设项目审计的重要环节，加强工程结算、决算的监督审计，对提高工程结算、决算质量，正确评价投资效益以及工程项目管理有着十分重要的意义。

六、及时支付工程相关款项

工程建设资金包括工程款、设备材料款、设计费、监理费、征地补偿费、各种评价费以及项目管理费等。依据合同或协议，严格复核签发付款。

第五节　典型燃气安全生产事故案例

燃气安全管理是城市安全运行管理的重要内容，直接关系人民群众生命财产安全，新修改的《安全生产法》第三十六条明确规定："餐饮等行业的生产经营单位使用燃气的，应当安装可燃气体报警装置，并保障其正常使用。"住房和城乡建设部等六部门制定印发的《关于加强瓶装液化石油气安全管理的指导意见》，从落实安全管理责任、规范市场经营秩序、加强用户安全用气管理等方面提出了要求。

按照燃气安全有关法律法规的要求，整治燃气管网老化、违章占压、第三方施工破坏、餐饮业用气环境不符合标准、用户端用气行为不规范等问题隐患，积极推广应用燃气本质安全技术产品，加强安全监管执法，防范化解重大安全风险。中国城市燃气协会安全管理委员会发布的《全国燃气事故分析报告》显示，近年来燃气事故数量逐渐下降。但是全国发生燃气较大事故上升幅度较大。燃气事故的发生，暴露出燃气快速发展与安全不同步的问题突出、部分燃气企业重效益轻安全的问题突出、科技信息化手段滞后的问题突出，"安全"已成为燃气行业关键词之一。

为进一步推动各地区、各部门以及企业和社会公众深刻吸取事故教训，增强燃气安全意识，落实安全管理责任，有效防范和坚决遏制燃气安全事故发生，切实维护好人民群众生命财产安全，这里分析近年来发生的部分燃气生产安全事故典型案例，总结相关教训，引以为戒。

一、某市重大燃气爆炸事故

事故概况：2021 年 6 月 13 日，某市社区菜市场发生天然气爆炸事故，爆炸事故造成 26 人死亡、138 人受伤，直接经济损失约 5 395.41 万元。

事故原因：燃气管道严重腐蚀破裂，泄漏的天然气在建筑物下方河道内密闭空间聚集，遇餐饮商户排油烟管道排出的火星发生爆炸。

主要教训：

1）安全发展理念树得不牢；

2）防范化解重大风险，不深入，不细致；

3）应对突发事件能力普遍不足；

4）企业主体责任严重缺失；

5）部门监管责任缺失脱节；

6）党委、政府地方属地责任亟待加强。

责任追究：

事故相关责任人进行严肃追责问责，包括 11 名省管干部在内的34 名公职人员受到撤职、免职等处理。

天然气公司对事故负有直接责任，公司负责人等 11 名相关人员涉嫌犯罪，由司法机关采取刑事强制措施。

天然气公司、物业管理有限公司及其所属物业等单位均对事故负有责任，对上述单位的 34 名责任人，由有关主管部门和上级单位依法依纪依规追究责任。

对事故责任人分别给予留党察看并政务撤职 1 人、撤销党内职务并政务撤职 2 人、党内严重警告 6 人（含免职 2 人）、党内严重警告并政务记大过 3 人（含免职 1 人）、政务记大过 2 人（含免职 1 人）、党内警告 4 人、政务警告 5 人、诚勉 6 人、责成做出书面检查 5 人。

二、"7·4"燃气管道泄漏爆炸事故

事故概况：2017 年 7 月 4 日，某城市发生燃气管道泄漏爆炸事故，造成 7 人死亡、85 人受伤。

事故原因：施工企业在实施道路改造工程旋喷桩施工过程中，钻漏地下中压燃气管道，导致燃气大量泄漏，扩散到附近建筑物空间内，积累达到爆炸极限，遇随机火源引发爆炸。

主要教训：

1）施工企业不具备施工能力，以欺骗手段承揽工程，并存在转包、非法分包等违法违规行为，分包工程管理缺失；

2）燃气企业未与施工单位制定燃气设施保护方案，未对施工现场进行指导和监护；

3）应急处置混乱，未及时关闭泄漏点周边阀门阻断气源，未对现场及周围建筑物的燃气浓度进行检测，未有效组织人员疏散；

4）地方有关部门未严格落实监管责任。

责任追究：

燃气有限公司等 4 家企业法定代表人、总经理、工程技术总监共 16 人因涉嫌重大责任事故罪被移交司法机关追究刑事责任。建设工程公司安全部长等 8 人分别被处以撤职、罚款等处罚。相关 19 名国家

工作人员分别被给予政务处分。燃气有限公司等 7 家企业分别被处以 30 万元至 250 万元不等的罚款、吊销《燃气经营许可证》《建筑业企业资质证书》《安全生产许可证》等行政处罚，并被纳入安全生产不良记录"黑名单"管理。

三、某地小吃店"10·13"液化石油气爆炸较大事故

事故概况：2019 年 10 月 13 日，某地小吃店发生一起液化石油气爆炸事故，造成 9 人死亡、10 人受伤。

事故原因：小吃店使用的液化石油气钢瓶使用了不符合规定的中压调压阀，导致出口压力过大，加之软管与集气包连接的卡箍缺失，造成软管与集气包连接接头脱落，导致液化石油气大量泄漏、积聚，与空气混合形成爆炸性气体，遇到电冰箱压缩机启动时产生的电火花而引发爆炸。

主要教训：

1）小吃店使用虚假证明将住宅作为餐饮场所开展经营活动，气瓶间未设置在单层专用房间且在民用住宅房内，在不具备安全条件的场所储存、使用液化石油气；

2）燃气经营单位未对送气工进行安全教育培训，对违反安全用气规定的用户未停止供气；

3）燃气燃具经营单位无资质违规安装；

4）地方相关部门对餐饮业燃气安全漏管失管。

责任追究：

小吃店和某厨具供应有限公司主要负责人、合伙人等 17 人因涉嫌危险物品肇事罪被移交司法机关追究刑事责任。相关 18 名国家工作人员被给予政务处分。燃气供应公司被处以 98 万元罚款并被吊销

《燃气经营许可证》，小吃店等 4 家企业被吊销《营业执照》。

四、某食品有限公司"12·3"燃气爆炸较大事故

事故概况：2019 年 12 月 3 日，某食品有限公司生产车间内发生燃气爆炸事故，造成 4 人死亡、10 人受伤。

事故原因：生产车间燃气管道主阀门法兰垫片为甲基乙烯基硅橡胶材质，受液化石油气和二甲醚混合气体长期腐蚀，出现微小裂隙并逐渐增长，局部发生破损脱落，在管道内部压力作用下形成泄漏口，泄漏的气体与空气混合形成爆炸性气体，遇电气火花等火源发生爆炸。

主要教训：

1）未按标准设置安全设施，部分管道、阀门等燃气设施封闭在通风不良的场所内，且未按照国家标准设置通风、燃气泄漏报警器等安全设施；

2）燃气企业未对用户燃气设施定期开展安全检查，长期违法供应掺二甲醚的不合格液化石油气；

3）地方有关部门对燃气企业长期销售供应掺混二甲醚的液化石油气等违法违规问题查处不力。

责任追究：

食品有限公司生产部部长、生活部副部长等 4 人因涉嫌重大责任事故罪，液化气站法定代表人等 3 人因涉嫌生产、销售伪劣产品罪，被司法机关追究刑事责任。相关 8 名国家工作人员被给予政务处分。食品有限公司及其法定代表人分别被处以 62 万元、263 922.4 元罚款，事故涉及企业液化气站被处以 60 万元罚款。

从上述各类事故不难看出，安全事故既有由设备设施隐患引起的，也有由人为不重视引起的，但是都属于因没有按照规定开展相关

安全隐患巡查维保工作而引起，各生产和运营单位应认真落实安全责任，依照燃气安全有关法律法规的要求，整治燃气管网老化、违章占压、第三方施工破坏、餐饮业用气环境不符合标准、用户端用气行为不规范等问题隐患，积极推广应用燃气本质安全技术产品，加强安全监管执法，防范化解重大安全风险，降低和避免事故的发生。

第五章

燃气信息化发展

随着国内经济发展水平的逐步提升，以及城镇化、工业化步伐不断加速，国内燃气工程数量也持续增长。在互联网技术深入发展的背景下，"互联网+"传统行业迸发出强大的生命力与发展可能。推进燃气信息化发展使燃气项目开展信息化管理，更具发展空间和发展潜能，有利于提升燃气项目管理效率，也能更好地服务民生。

第一节　燃气信息化

一、燃气信息化的概念

燃气作为相对低碳环保的能源，在人们日常生活中有广泛的应用场景，人们对燃气的需求较高。结合城镇燃气管理现状，对其进行信息化升级，使其构建起科学完善的城镇燃气管理系统，不仅能够有效提升城市燃气供应效率，还能够保障燃气供应的持续性和稳定性，能够有效保障民生和工业生产。当前，对于燃气企业来说，需要结合实际情况对燃气设备和燃气信息网络系统进行科学有效地全面把控，要深入结合燃气信息化的发展趋势，对此展开深入研究，更好地挖掘城市燃气信息化管理的潜在价值和发展机遇。

燃气工程项目中往往内涵丰富，信息海量，既包括项目自身的信息，也包括项目建设中的相关信息，以及外界影响信息。开展燃气信息化管理，结合燃气管网建设、燃气客户管理、燃气物联网系统等内容进行具体展开发挥现代信息技术的信息处理优势，能更好地处理复杂问题、综合问题，有利于提升管理效率，能使原本海量无序的信息资料转变为有序整齐的数据信息，从而为后续燃气工程的建设维护提供强有力的数据支撑。这也能够进一步保障数据信息的真实性、有效性，有利于实现信息资源的共建共享，能更好地帮助管理者结合数据信息观察工程动向，监测工程质量。

二、燃气信息化的建设目标

对于燃气信息化建设，早在 20 世纪 90 年代初期就已经开始了探索历程，随着企业信息化水平的持续提升，以及国内"西气东输"工程、数字供气工程的应用落实，国家和社会对燃气信息化有着更高的要求。这意味着以往以生产管理、管网管理、经营管理为主要的信息管理系统，需要进一步升级更新。要建设高水平燃气行业的管理信息系统，结合燃气企业的发展需求和现有资源，综合调动企业内外的各种力量，发挥现代科技手段和信息网络技术的应用优势，更好地保障燃气信息化建设的高效运行。要推动建设统一的企业信息平台，结合企业信息管理各个层级的要求，设置不同的权限，使其能够在权限基础上实现内部资源的共享、共用，更好地推进燃气企业生产自动化，运营智能化，决策科学化。

推动核心数据交换中心建设。结合燃气企业各个业务环节，将其中的信息数据进行全面的采集和整理，建设大数据共享平台。数据共享平台作为企业信息的中转站和信息共享体，能够借助充分的信息优势和信息共享机制，实现对整个业务流程的引领、带动，有利于提升工作效率，也能更好地促进信息系统的建设，维护升级。最后，要根据企业内部实际情况分步骤，重点建成急需的应用系统，要结合燃气业务收费系统、客户服务系统、GIS 系统地理信息系统（GIS，Geographic Information System）、OA 系统等进行整体设计，使企业内部信息系统能够从产业链的角度出发，结合产业链上下游的其他信息系统，实现彼此互联和信息互通，以企业发展带领社会整体进步，更好地实现经济效益与社会效益的有机统一。

三、燃气信息化的应用价值

推动燃气信息化建设，能够更好地提升燃气企业的服务质量，而这本身也与普通民众的生活以及工业企业的生产水平密切相关。推进燃气信息化建设，能够帮助燃气企业更全面地了解、熟知用户信息，更准确地把握燃气服务需求，进而能够以量化和规范化的形式，为用户提供工作服务。例如，通过城镇燃气信息，客户信息系统，能及时把握用户信息，了解用户需求，从而能灵活地为用户提供所需要的服务，也能及时就用户需求进行快速反应。

建设燃气物联网系统，推进燃气管网信息系统建设，能够更好地借助信息系统的整合优势，实现对燃气的安全生产管理，借助电子化手段，能强化巡查人员的现场检查，也能通过对各监测点的信息确认潜在危险、开展检修分析等，及早发现可能存在的安全隐患，并实现防微杜渐，及时预防，有利于减少损失。

此外，燃气信息化建设也能有效助力燃气企业的发展壮大，在信息化建设中，能够帮助企业在燃气信息管理中更加规范化、细致化，能够提升企业生产和管理效率，有利于增强企业管理和决策分析的数据支持，能够保障其管理和决策更加科学。同时，在信息化建设中通过燃气企业内网信息化建设和整个燃气工程的信息化推进，能够极大地节省项目审批时间，有利于实现资源共享，也能避免重复性劳动。

第二节　城镇燃气管网信息系统

一、燃气管网信息系统发展概况

从城镇燃气管网信息系统建设情况来看，国内起步时间较晚，国外早在 20 世纪中期就有基于 SCADA（Supervisory Control And Data Acquisition，数据采集与监视控制）系统的展开研究，结合企业生产管理角度推动建设城市管网，SCADA 系统和 GIS 系统建设已是城市燃气企业信息系统建设中应用最快、最普及的领域。尤其对于于工业发达国家来说，SCADA 系统已经成为燃气输配体系中的基础性设施，在当前信息技术高速发展且不断实现成熟的大背景下，许多更新的信息系统逐渐纳入 SCADA 系统中，这也意味着 SCADA 系统能够和其他系统共同协作，在更大范围内实现联网和数据共享。我国在 20 世纪 80 年代正式引入和开发 SCADA 系统，90 年代国内燃气事业高速发展，SCADA 系统也在输送调度管理方面取得了突出成绩，并得到了极高的重视和应用。许多国内城市（如北京、上海、成都等）开始广泛应用 SCADA 系统，一些城市燃气公司也逐渐基于学习创新建设自己的 SCADA 系统。随着城市内部市区规模的逐渐扩大，燃气管网也随之扩大延伸。在进行管网管理时，内部运营数据庞杂，仅靠人工管理无法满足需求，而结合 SCADA 系统良好的开放性、便捷的应用组合，能够提升人员调度的科学性，也能进一步保障燃气管网的安全平稳运行。

二、燃气管网信息系统的内容构成

在燃气管网信息系统建设中，主要结合燃气的生产管理，质量管理和燃气使用中的供气调度进行内容设计。同时，也会匹配 GIS 系统，结合燃气管网的运营管理、维护管理等进行综合应用，充分调动企业内部外部多方力量。结合当前行业领先的科技手段和现代信息网络技术，实现对企业管网运行系统的优化更新，更好地保障燃气企业，能够结合时代发展要求和社会燃气业务发展趋势，构建起先进的、科学的综合信息管理系统，进一步借助信息系统实现对业务的整合，实现对业务流程的优化和整体创新，通过信息技术实现对企业管理的再造，能够更好地优化配置企业内部各类资源，进一步提升企业的生产效率和市场响应能力。

三、燃气管网信息系统的建设要求

燃气管网信息系统建设过程中，尤其要结合统一规划、分步实施的基本原则，要统一标准，并且实现系统内部各类事项的互联互通。要促进不同主体间的信息共享，本着系统开放的基本原则，使燃气企业能够以市场需求和行业发展为基本导向，结合燃气信息化的发展，要求制定统一的建设标准实现分步推进，重点落实，更好地促进信息建设与管理建设同步展开。在系统设计中要结合各燃气企业的实际发展状况，结合燃气内部各分支机构，分散于各城市的特点，要求采用方便、安全、可靠的局域网，确保信息传递的实时准确。在系统规划上，要基于高起点、高站位，结合信息产业的发展前沿，充分考虑技术的成熟性和后续的拓展性，确保信息系统能够始终保持先进性。在信息系统运营过程中，要具备开放性，能够结合燃气管网管理的实际需要，在系统中留足软件接口。在城镇燃气管网系统建设中设计的系统需要先进可靠，要能够利用公用网络结合燃气企业的自身特点，使内部业务流程自动化、高效化，更好地改善管理提升，服务质量，提高服务效率。同时，在信息化建设中，需要以人为本、便民利民，这意味着系统建设需要简单易学。尤其在企业与客户的沟通窗口上，要能够使用户自我服务结合当前信息系统建设现状，要充分保障系统的安全性，建立信息系统的安全机制，使其严防数据泄露丢失或其他病毒黑客的恶意攻击。

四、城镇燃气管网信息系统的构建

在城镇燃气管网信息系统建设中，需要结合 B/S 结构设置相应的访问平台，构建统一的企业信息门户，要结合三层结构下的应用技术，使企业内部不同层级能够按照自身权限实现对企业内部信息数据的共享共用，更好地促进生产自动化、运营智能化、管理科学化。要推动燃气管网信息系统的 GIS 系统、客户服务系统、OA 系统、营业收费管理系统等，在产业链和信息链上与其他信息系统彼此互联共享，更好地推动企业经营的系统增值，使其实现将企业内部运营信息集中储存集中应用，形成一个信息共享体，通过必要的信息流和信息共享机制，整个业务流程顺畅运行，更高效地完成工作。

第三节　城镇燃气客户信息系统

一、城镇燃气客户信息系统的功能

城镇燃气客户信息系统主要结合区域行政规划以企业内核心机房为中心节点，将区域内部近似等级网点共同形成新型连接拓扑。在城镇燃气客户信息系统中，其系统操作主要面对以下用户，一是针对客户进行业务办理，柜台收费；二是对于账务中心的用户来说，需要结合抄表录入、催缴安检等业务。同时，要秉承一站式的服务原则，尽量减少客户端的设计，要对系统维护等工作量进行适度删减。在抄表录入开账、批量打印等功能中，主要采用 C/S 结构子系统。而 B/S 结构子系统主要处理业务受理、业务处理和账务处理等。对于后台程序来说，往往是不需要人工干预的自动运行。例如，在银行接口处，抄表机抄表数据的上传、下传等模块，大都属于后台服务程序。

二、城镇燃气客户信息系统的应用

城镇燃气客户信息系统主要涉及统测管理、抄表开户、用气估测、安检管理等内容，以一站式服务为核心，致力于使客户能够在一个受理窗口办理所有业务。同时，还支持民办业务板块的异地受理，当客户以唯一的标识信息进行登录时，能够对其以往的使用情况进行跟踪调取，这能够更好地对客户进行发票管理和施工管理，而在公用业务办理中主要结合了用气管理和周期管理、用户分类调表管理、修正仪器管理、工程验收管理等，对工业用户的详细资料进行梳理统计，对其中的违章信息进行自动流转。通过对客户信息系统建设，不仅能够使系统中人机间的信息传递更高效便捷，也能够有效地提升工作效率和服务质量，有利于提升企业的信息化水平。

在城镇燃气客户信息系统中，主要就客户的业务咨询、信息查询、投诉受理以及交费等需求进行回应。建设高水平燃气管理信息系统，需要结合企业工作实际和发展实际，调动内外多方力量，结合现代化科技手段和信息网络技术不断优化完善运营系统运营平台。城镇燃气客户信息系统具体包括客户服务中心系统（业务咨询、信息查询、业务申报受理、业务投诉受理、用户服务热线等）；营业收费管理信息系统（抄表、收费、与银行间燃气费代收数据处理）；GIS 系统（燃气管网运行管理、维护等）；ERP 系统（财务管理、人力资源管理、物料供应管理、工程管理、档案管理、设备管理、经营计划等）；SCADA 系统（燃气生产管理、质量管理及供气调度等）；企业门户网站（展现公司形象、提供用气常识、安全知识等）。

在城镇燃气客户信息系统的建设中，主要与燃气企业目前的应用背景和现状相适应，并持续保持与 IT 新技术的发展同步。在信息平台的搭建上，搭建全公司的 VPN 虚拟局域网络，建立数据共享机制，利用计算机的三层结构技术，实现燃气企业集成平台与现有各类计算机系统的无缝集成及平滑过渡，以及今后新增系统的数据集成。营业收费管理信息系统主要覆盖了直接面对用户的所有业务，包括装表、抄表、收费、与银行间燃气费代收数据处理等。这不仅是燃气用户基本数据库的主要数据来源，也是城市的基础性、公益性大型数据库的组成部分。在客户服务中心系统中，由用户报装管理系统、燃气表管理系统和热线服务管理系统三大部分构成，能够使燃气企业对自己的服务对象有一个非常清楚全面的了解。在生产运行管理系统中，具体涉及 GIS 系统、SCADA 系统、GPS 系统等，是一个实时动态管理系统，主要以基本生产信息数据库为基础，对燃气输配过程进行控制，不仅能将其中的生产信息用于生产运行，还能将其与基本用户数据一起作为管网建模和 GIS 两个系统的主要基础数据来源，能够对管网的建设和规划提供宝贵的数据。

第四节　燃气物联网系统

一、燃气物联网系统的特点与作用

随着物联网技术在信息技术中的广泛应用，基于物联网技术的燃气信息系统，能够以更加高效便捷的形式为客户的燃气使用提供便利。在基于物联网的燃气系统建设中，需要成熟的移动基站网络和服务平台，要发挥数据传输的高效性，提升数据传输的及时性，更好地对数据进行收集和传递，不断提升燃气系统的控制效果。要结合远程充值调价阀门控制，提升人们使用天然气的便利性，同时，预付方式的改变也极大地增强了公司的服务能力。在信息化时代下，各用气燃气企业需要适应信息化的发展要求，运用成熟的物联网技术开展物联网智能燃气系统建设，结合天然气使用需求，借助物联网控制终端，实现良好控制，对燃气系统中的各类应用进行快速处理，将故障问题和突发状况及时解决在物联网燃气信息系统建设过程中。

借助物联网能够实现对燃气系统各类应用快速控制；能对其中可能出现的问题和故障情况及时解决，有利于实现智慧燃气建设要求；能够通过智能化的控制增设、远程充值、远程调控等具体功能，有利于提升天然气使用过程中的便捷度，能够提升燃气企业的服务能力和服务水平。应用物联网系统，能改变原本低效的支付方式，通过移动端就能够使用户及时掌握自己的燃气使用数据，也能对燃气管理工作进行查看。居民能够自动缴费，并查询燃气使用记录，这也提升了燃气企业的催缴效率。在燃气供应中，由于增设了阀门开关远程关闭模式，使得企业在进行燃气供应时逐步摆脱空间的限制，有利于实现对燃气使用状况的全过程监测和全方位记录，能够使燃气公司的管理人员及时查询，实时监测，全面了解燃气系统的使用状况，进而提升自身的服务和管理质量。

二、燃气物联网系统的应用

在燃气系统建设中，借助物联网技术能够构建起智能的燃气系统，在多种智能技术的综合应用下，燃气系统的整体工作效率和工作质量极大提升，例如，IC 卡智能燃气系统建设，是对以往传统 IC 卡的升级，能够变更以往落后的充值方式，实现先充值后消费。这不仅能为城镇居民的充值提供便利，也能通过自动化充值，避免因用户欠费而造成使用不便等问题。通过与多家银行合作能够实现用户在充值渠道的多元化，充值形式更加丰富，并且还有利于减少燃气公司运营和管理成本。在信息化时代背景下，结合 IC 卡智能燃气系统的使用要求，可以设计报警安全停气，以及超流报警等多元化的应用模式，有利于进一步保障用户的使用安全。通过强化过程监控，能够对燃气价格展开实时调控和全面控制，有利于提高燃气管理水平和管理质量，但在使用 IC 卡智能燃气系统时也需要注意，IC 卡燃气智能系统难以实现实时监控，及线上调价，方式具有一定的滞后性，这也会影响燃气企业的资金流动管理水平，甚至会对燃气公司造成一定的经济损失。

有线集抄燃气系统是 IC 卡智能燃气系统中提升智能化控制效果的重要系统，有利于使整体的数据传输通道更加顺畅，也能丰富用户的燃气费用支付方式。通过将燃气系统中的数据传输给燃气管理公司，能够实现远程监控、远程充值和远程阀门控制。通过有线及超燃气系统，借助远程操作和预付燃气费的功能，能够为用户提供极大的便利，但也存在安装复杂、成本高、排查难度大的问题。一旦智能化的燃气系统出现问题，将会为企业带来较高的维修成本。

相对于有线集抄燃气系统，无线集抄燃气系统不需要进行铺线，避免了系统故障等问题，能够进一步提升燃气公司的管理水平。在无线集抄燃气系统中，增设了充值和阀门控制的功能，这意味着在使用过程中需要关注内部锂电池的应用情况，并需及时更换电池。这会极大地影响燃气系统的稳定性，具有较高的后续维修成本。

采用物联网下的智能燃气系统，借助无线通信网络，能高效实现数据传输和良好监控，有利于真实、全面地反映和记录居民的使用状况。通过超流报警系统，能进一步保障用户的用气安全，也能实现对燃气价格的远程控制和报警监测，能对用户使用过程中的情况进行预警。借助智能燃气系统，能将其连接到用户的手机 App，使用户实时控制、实时接收。基于物联网的智能燃气系统，能实现点对点的高效率传输，有利于提升资费统计的准确性，能帮助燃气企业强化供销差的控制效果。在物联网系统建设中，主要结合其核心功能中的感知层、应用层、网络层进行系统搭建。在感知层，主要涉及各类传感器，这是处于最底层的功能，通过对燃气使用流量进行记录、搜集管内各类参数，为流量计搭配，设置终端控制模块。在网络层，能够实现数据的交换、集中和传输，在网络层中主要包括有线接入和无线接入两大类。应用层处于物联网系统的顶层，具体涉及管理应用层和行业应用层。其中，管理应用层是对各类终端进行连接的应用层。例如，将通信软件和数据库进行连接。行业应用层则主要是本着管理应用层的原则，对该行业进行的功能业务进行整体管理。

三、燃气信息化的发展建议

1. 增加资金投入，强化基础设施

推进燃气信息化发展，需要有明确的发展目标，同时还要有完善的信息化基础设施作为支持。对于燃气企业来说，推进燃气信息化，能够更好地将服务和业务有机整合。这意味着燃气企业需要从全局的角度进行业务把握，要详细分析梳理燃气工程项目中的各类事务，并构建科学合理的业务平台和信息沟通平台，更好地使自身经营管理中的资金流、业务流、物资流有机对接。推进燃气工程项目的信息化管理需要做好整合，尤其要把握施工关键点，结合各类管理手段和管理措施，对工程进行有效施工和监管，对其展开综合管理。在实际的工程建设中，燃气企业内部通常会借助 OA 系统或其他信息软件进行信

息化交流，但沟通交流时存在一定的滞后性。为了保障各部门的有机协作，企业需要加大资金投入，推动企业内部构建统一完善的信息资源共享平台，使内部员工能够通过平台更好地获取信息、更高效地传输信息，降低企业信息投入成本。结合工程项目，结合预期的社会效益和经济效益，进行信息化管理的有效落实，持续提升企业的竞争力、影响力。从盈利角度出发，分析信息化基础设施的投资必要性，进一步推动投资的利益最大化，提升资金投入的实际效益。燃气企业在进行工程施工时，需结合项目本身、总公司、分公司及其他成员公司，从多个项目管理主体出发，明确项目的设计、施工监管和后续的运营，要从系统建设的角度将信息化建设，持续推进，使其更贴合项目的实际业务，更好地共享各类信息资源，要持续推动验收工作的有效落实需要信息及时分布和传递，使各个参与层级之间能够彼此交流，有效合作。

2. 优化系统布局，提升使用效率

对于燃气企业来说，在项目经营中往往涉及立项招标等多个环节，这些环节都需要庞大且复杂的信息支撑，需要结合各类标准做好管理工作。在工程项目管理中，需要具体涉及项目的进度管理、项目建设、质量管理、成本管理以及安全管理等内容。要结合分包管理对其中的细节信息统筹把握，要不断提升项目的管理水平和管理效率，各部门之间要强化沟通与协作，积极配合有效协调。在管理过程中需要构建一体化信息系统，做好信息的采集与优化，使各主体之间的权限合理高效，使各部门能够更好地分享彼此的相关信息资源，进一步提升资源的利用效率。要明确建设过程中需要解决的核心问题，结合单一系统科学合理地实现不同内容之间的有效联系。要对所有业务模块进行联合监控，更好地协调彼此工作关系，进一步为信息化技术提供良好的应用条件。

在燃气工程项目管理中，涉及的项目业务众多，需要管理者从实际操作角度出发，进行必要的总结和分析，结合各类业务流转中发现的问题进行规范化、细节化处理，保障信息流之间的有效衔接。对于需要及时提交的项目工程任务，如燃气工程项目的设计及建设和信息通知等，需要结合其中的工序和实际要求进行必要的整理分析，对其进行同步。要对各类工程涉及的工序报检工作和配套的检查工作进行全面疏导，使工程操作简单化、高效化。要借助互联网技术优势，认识到信息技术的管理价值，并在信息管理中持续改进管理问题，促进施工技术不断提高、有机进步，进一步提升燃气工程项目的整体施工质量。对于国内部分企业来说，在燃气信息化建设中，需要逐步推进自身的信息管理设备或数据的应用升级，要构建企业网络，强化企业与企业之间的有机衔接，使信息能够有效流通，使信息交流提升速度，进一步保障燃气工程项目的有序落实。

3. 改革管理模式，适应发展趋势

燃气信息化发展是必然趋势，在将信息化技术应用于项目管理和日常经营时，需要对其进行优化调整，避免"换汤不换药"的方法。要改革管理模式，使其更好地适应信息化的发展趋势，项目管理人员需要创新管理方法，更新管理路径，拓展管理空间，使项目管理的实际效率得到有效应用，最大限度发挥信息技术的使用价值，突出信息化建设的使用效果，保障工程项目管理信息化目标的有机落实。

企业需要进一步更新信息化技术手段，突破以往的管理方法，建立更具现代化科学性的管理模式，以更高效的管理手段进一步提升燃气工程项目的建设质量和建设效果。要对管理人员的管理理念进行更新优化，使管理人员的管理理念、管理方法与信息化发展趋势相契合，切实保障信息化管理在燃气工程项目中的有机落实。

推动构建燃气信息化管理体系，需要结合公共数据平台以及信息技术在企业信息化管理体系中的应用价值，对整个管理体系进行优化完善，助推企业建设崭新的信息系统运行平台，保障企业的燃气信息化管理体系能够始终处于领先位置。企业在燃气输送过程中需要做好数据的收集整理，要全面分析收集到的信息，并及时针对可能存在的问题探索解决方法，进而为企业构建起相对完整的信息监控体系，实现对燃气运输过程中的全方位监测。企业的相关技术人员需要结合信息技术结合信息收集需求，将数据整合传输到公共信息平台，构建起共享共建的信息交流中心，使企业内部拥有相对完整的公共信息平台，从而帮助工作人员在日常工作中对企业内部信息及时了解，及时掌握，并及时就可能监测到的问题进行妥善处理，确保燃气输送工作的正常运行。

推动构建生产管理体系，能够帮助企业在日常生产经营中对输送的数据信息全面监测，对出现的问题及时解决，企业内部相关管理人员需要完善以往的管理机制，结合新型管理方式建立新的管理模式，更好地对生产工作内容进行科学分配，进一步提升燃气使用过程中燃料能源的使用力，提升能源利用率，避免能源损耗。在燃气企业的日常生产和经营中，企业需要重视安全生产，避免安全生产事故。要加强对安全生产的监控，妥善解决企业生产过程中可能存在的经济损失，企业内部相关管理人员需要结合营业收费构建完善的管理体系，使其涵盖内部各个方面、各个体系，更好地促进企业对内部燃气用户的使用信息进行收集整理，促进城镇的燃气发展。

此外，不同企业间也要强化信息交流和沟通，结合企业与企业之间、部门与部门之间的相似业务工作进行，对标学习，从而更好地推动燃气企业信息化管理体系的优化发展。要将企业内部各类信息传输到数据平台，构建相对完善的企业运营数据平台和数据共享平台，使企业内部工作人员能够逐步提高工作效率，结合燃气运输，燃气配送等相关环节的数据信息进行全方位的掌握和了解。企业要构建较为完善的数据交换平台，这能使企业与企业之间进行密切的信息交换和沟通，有利于帮助企业对整个燃气输送体系进行有效的把握和日常维护，能促进企业与企业之间信息交流效率的提升，并能使企业在沟通交流中发挥最大作用，有利于确保企业实现信息化管理，能进一步完善企业信息化管理体系。这对增强企业的经营能力，提升企业的经济效益，促进我国燃气领域的高效发展具有重要意义。

第五节　燃气 SCADA 系统

随着智能化的普及，燃气行业也必须开展信息化、智能化建设，促进规范管理、提升燃气行业高效管理，提高企业资源的整合率、配输工作的效率，保障燃气管道和燃气设备管网的安全性和稳定性，同时促进行业由经验管理向数字化管理转型。

一、燃气行业信息化管理系统的常见分类

燃气行业信息化管理系统由企业网站、SCADA 系统、GIS 系统、EFR 系统、客户服务系统以及营业收费信息系统组成。

1. 企业网站

企业网站不仅代表着一个单位的形象，同样也是客户了解该行业以及其所提供的客户服务的重要方式。随着时代的发展，互联网已经成为行业发展的主要载体，我们通过企业网站，为客户提供更多的自助服务，同时减少企业在相关投入的人力与财力，提高工作效率。

2. SCADA 系统

SCADA 系统，即数据采集与监视控制系统。SCADA 系统是以计算机为基础的 DCS 与电力自动化监控系统；广泛应用于电力、冶金、石油、化工、燃气、铁路等领域的数据采集与监视控制以及过程控制等诸多领域。以计算机为基础的进行生产过程控制与调度的智能化网络化系统，具有对现场运行设备进行监视和控制的功能。

3. GIS 系统

GIS 系统是随着地理科学、计算机技术、遥感技术和信息科学的发展而发展起来的学科。

我国 GIS 的发展较晚，经历了 4 个阶段，即起步（1970—1980 年）、准备（1980—1985 年）、发展（1985—1995 年）、产业化（1996 年以后）阶段，目前日趋成熟。GIS 系统在许多领域得到广泛应用，在资源开发、环境保护、城市规划建设、土地管理、农作物调查与结产、交通、能源、通信、地图测绘、林业、房地产开发、自然灾害的监测与评估、金融、保险、石油与天然气、军事、犯罪分析、运输与导航、"110" 报警系统、公共汽车调度等方面得到了广泛普及应用。

GIS 系统运用到燃气行业信息化管理系统中，能够随时对空间数据进行采集和分析，起到关键性的作用，如果燃气管道出现了安全隐患，根据 GIS 系统，帮助我们迅速准确地找到出现隐患的区域，然后可以智能化地制定出解决方案，从而解决风险。

4. ERP 系统

ERP 系统（Enterprise Resource Planning）即企业资源计划，企业资源计划是 MRP Ⅱ（企业制造资源计划）下一代的制造业系统和资源计划软件。是一个企业资源管理系统，是集物资资源管理、人力资源管理、财务资源管理、信息资源管理于一体的管理系统，在城市燃气企业的人力资源管理中起到了非常实用、便于管理的作用，在物资资源和财务资源上能够保持一致，并且能很好地整合信息资源。

5. 客户服务系统

客户服务系统顾名思义主要是用于客户服务，主要有业务办理及查询、信息查询等功能。整个客户服务系统主要分成网络、电话两大模块供客户使用，其中网络客户服务系统还可以更为直观地展示出企业的文化和形象，能不断为客户提供优质的服务。

6. 营业收费管理系统

燃气收费管理系统全称为管道燃气营业收费管理信息系统，是一种计算机信息管理系统。通过结合燃气行业特点，利用当前先进的软件开发技术、计算机网络技术、计算机自动化控制技术和先进的企业管理思想，对燃气公司的各项业务进行综合管理。

营业收费管理系统是企业掌握收入和业务的主要手段，也是燃气企业整个信息化管理系统中的重点系统，直接影响到工作能否有效且高效地开展。

二、燃气行业信息化管理系统

燃气行业是一个燃气生产、燃气存储和输配的综合工程，每一个环节都必须确保安全运营，信息化建设的普及十分重要，下面就以SCADA系统为例作介绍。

燃气 SCADA 系统管理包括调度中心监控系统、门站控制系统、工业用户数据采集系统、加气站数据采集系统 4 部分。

图 5-1　燃气 SCADA 系统

调度中心监控系统

调度中心监控系统一般配置 SCADA 服务器、操作员站、打印机、巡线监控站、以太网交换机和 UPS 系统等。

1）SCADA 服务器是整个系统的数据处理核心，其上运行着 SCADA 系统软件和 SQL Server 数据库软件。SCADA 系统软件负责采集工业用户、加气站和门站的数据，采集的模拟量输入（AI）、数字量输入（DI）、数字量输出（DO）及 RS485/422 通信功能，可采集压力、温度、可燃气体浓度等模拟量数据（通过 AI 接口），也可采集阀门开关状态、燃气泄漏报警等数字量信息（通过 DI 接口），并可对现场设备进行控制（通过 DO 接口），均送到数据库收集存储，还可以把操作人员的指令下发到相应设备上。SQL Server 是一个关系型数据库软件，存储着 SCADA 系统的所有历史数据，基于这些数据可提供数据查询、曲线显示、趋势分析、报表输出等功能。服务器是一台高可靠性的机器，可保证 7×24 h 不间断工作，其上配备有硬盘冗余系统，保证数据的可靠性。

2）操作员站上运行组态软件，为用户提供查看数据、操作设备的界面，主要功能包括管网地图、工艺画面显示、历史数据查询、趋势图、报警记录、报表输出等，用户界面根据用户需要定制开发。操作员站的所有数据均来自 SCADA 服务器，操作员下发的指令也传送到 SCADA 服务器上，再由 SCADA 服务器向下转发。一般配备两台操作员站，两台机器可以显示不同画面，方便操作人员使用，同时构成了冗余系统，一台故障不会影响系统的正常运行。其中一台操作员站连接有打印机，另一台通过网络共享也可使用，两台机器都可以输出报表。

3）调度中心配备的以太网交换机，除了普通交换机功能外，还具备基本路由及防火墙功能。通过交换机 SCADA 服务和两台操作员站连接在同一个子网络内，彼此可互相通信。交换机的外网端口连接到互联网，使内部子网可以和互联网上的其他节点通信，同时交换机可配置防火墙功能，防止外部网络对系统的攻击。为了使 SCADA 系统能够正常工作，交换机的外网端口必须具有固定的公网 IP 地址，或通过内部网络映射的外网可访问的私网 IP 地址。为了保证整个 SCADA 系统网络的稳定性，也可采用通信提供商的专网光纤接入。

4）为了保证设备不间断工作，调度中心配备有 UPS（备用电源）系统，一般配置 8～10 kVA 输出，外置电池组可保证系统备用时间不小于 8 h。

5）工业用户、加气站、城区管网末端、调压站、天然气门站等数量多且分布分散，各个站的情况不尽相同，因此数据传输的最佳方式是无线传输，这种方式不受布线条件限制，只要有手机网络就可传输数据。传输设备内置 SIM 卡，通过无线通信连接到互联网，连接到调度中心的 SCADA 服务器通信以获得更好的稳定性。对于相对集中的设备向调度中心传输数据，可以采用有线网络方式传输数据，获得更好的网络稳定性。但是相对网络结构较为复杂，不方便维护。

6）数据采集时 PLC 的模拟量输入接口用来采集压力变送器、温度变送器等具备 4～20 mA 电流输出的仪表；模拟量输出接口用来控制加臭机等设备；数字量输入接口用来采集燃气泄漏报警、切断阀状态等信号；数字量输出接口用来控制切断阀、报警指示灯等设备；RS485 通信接口用来与流量计和其他串行设备通信。

7）巡线监控系统一般是调度中心的巡线监控计算机和巡线员随身携带的定位设备。定位设备采用 GPS 卫星定位，人员位置信息通过无线网络传送到调度中心并实时显示在巡线监控计算机上。

同时 SCADA 系统还具有扩展功能，采用模块化设计，只需增加相应的监控设备即可完成系统扩展，各输入、输出接口均可根据实际需要扩展，中控室设备无须改动；系统使用的 PLC、数据采集装置、服务器等设备均属高可靠性设备，系统建成后基本免维护。

采集的数据传送调度中心，并在调度中心操作员计算机上显示，同时天然气门站还可以配置本地控制系统，本地操作员计算机上可实时显示门站的各种数据。操作员通过系统可对现场设备进行必要的控制，同时系统还集成有巡线监控系统。

三、燃气行业信息化的优势

燃气行业提升信息化建设可以提升以下状况：

（1）安全可靠性

燃气行业的检测、控制及调度将保证整个输配气系统的安全运行，对与输气系统安全相关的参数进行早期预报警和超限报警及自动联锁保护以预防事故发生。

控制系统为集散型，控制手段为调度中心集中遥控、场站监控室内远控及设备就地手动控制的三级控制，并可互相切换。

软件可以设置不同的安全区和安全级别，建立不同的安全功能区和不同的功能级别，形成不同访问权限及操作权限。

SCADA 服务器（Server）采用运行可靠的实时多任务、多用户操作系统，方便操作员、工程师等完成相关工作，同时具有 WEB 服务功能，公司领导可以在自己的办公地点或者外地通过浏览器看到该系统的实时数据。

（2）先进适用性

SCADA 系统硬件配置采用先进的计算机技术、工业控制技术、显示技术和通信技术等紧密地结合在一起，利用先进的网络设备和网络互联技术设计而成，硬件设备先进可靠，技术成熟，具有安全可行性和技术先进性两大特点。整个系统使用方便，性能可靠，开放性扩展性强。

系统局域网采用广泛应用的以太网或无线传输。主站与远端有人值守站局域网及 RTU 之间的通信协议采用标准 TCP/IP 协议；主站与远端无人值守站点通信协议采用国际标准协议，互通性好；RTU 与智能仪表之间采用 MODBUS RTU 协议或仪表自定义的协议。

四、结语

信息化管理系统的建设对保障燃气行业管理和运行具有重要作用，也是整个行业发展的必然趋势，是行业发展中必不可少的一环，信息化管理系统不仅可以提高整个企业持续发展的能力，安全运行、促进燃气行业建设为社会做出更大的贡献。同时不但要搞好信息化管理系统的建设，更要在将来对信息化管理系统进行良好的维护，促使其更好的发展，与时代接轨、与社会同步，促使行业长久稳定发展。

第六章

能源应用与环境保护

2020年9月22日，我国在第75届联合国大会上提出二氧化碳排放力争于2030年前达到峰值，努力争取2060年前实现"碳中和"。在我国，化石能源排放是二氧化碳排放的重要来源，为实现"碳中和"目标，传统的化石能源将受到严重限制。天然气作为传统化石能源碳排放最低的能源之一，在我国实现"碳中和"目标起着举足轻重的作用。

在可再生能源经济性不足以形成市场优势的前提下，能源转型要兼顾安全、经济和环保等方面，天然气成为当前最现实的能源。一方面天然气发电的碳排放量仅为煤电发电的一半左右；另一方面随着碳排放政策趋严和碳排放权交易市场完善，煤电和其他用煤领域叠加碳排放交易成本后，提升了天然气的经济性。因此"碳中和"战略的实施为我国天然气行业的发展带来机遇，加速了天然气替代煤炭的进程。

"碳中和"已成为全球共识，能源转型成为必然趋势。能源结构不再是单一能源类型占主导地位，而是以风电、光伏发电等新能源为重点，辅以氢能、部分低碳化石能源，形成分散化、多元化的格局。

本章主要介绍城镇燃气的应用范围及天然气相关的综合能源发展情况。

第一节　城镇燃气的应用

城镇燃气应用主要是通过燃气燃烧，将化学能转化为热能，通过一定的装置设备将热能传给被加热物体，例如，居民生活厨房灶具用气、饭店大锅灶用气等。随着我国城市化进程不断加快，城市人口快速增加，扩大了用气人口的基数，这种趋势逐渐成为城镇燃气消费持续成长的动力。根据前瞻产业研究院相关统计，2015—2020 年我国城镇燃气增速接近 45%，2020 年使用燃气的人口达 4.13 亿人。

本节主要介绍城镇燃气的应用对象及需求保供优先级。

一、城镇燃气的应用对象

根据用户的用气特征，城镇燃气应用范围可分为以下几类：

1. 居民生活用气

居民生活用气主要用于炊事、供热、生活热水，是城镇燃气的基本对象，也是需求保供优先级最高的用户，必须保证燃气连续稳定地供应。这类用户用气，在提高生活水平的基础上，也能减少环境污染，提高能源利用率，具有很好的社会效益。随着人们生活水平的提高，对厨房的美观及整洁程度要求越来越高，燃气管道暗埋暗封技术也逐渐进入公众视野。图 6-1 为厨房燃气管道暗埋暗封效果，在充分保证燃气安全的前提下，实现居民对厨房精美装修的要求。

2. 商业用气

商业用气主要包括饭店、食堂、宾馆、理发店、浴室等。商业用户用气量较居民用户用气量大，用气规律，但是作为人员流动性较大的场所，商业用户也是燃气安全隐患存在问题较多的场所，此类用户是政府、行业以及燃气公司重点关注的燃气安全隐患排查对象。

图 6-1　厨房燃气管道暗埋暗封效果

3. 公共服务用气

公共服务用气主要是指社会福利性用户，包括学校、养老院、福利院、疗养机构等。

4. 工业用气

工业用气一般是指以燃气为生产原料、燃料的企业。这类用户具有用气量大、不停输作业、用气量规律且与企业产量规模成正比等特点。

5. 采暖通风和空调用气

采暖通风和空调用气主要用于分布式供暖、供冷系统（如燃气空调设施、采暖设备等），具有明显的季节性特点。

6. 汽车用气

燃气汽车主要有液化石油气（LNG）和压缩天然气（CNG）汽车两大类。随着环保政策的落地，汽油汽车产量逐步下降，在新能源汽车还未广泛普及的阶段，燃气汽车市场逐步扩大。相对传统的汽油汽车来讲，燃气汽车具有低成本、低排放等特点，广泛应用于城市环保车、环卫车、LNG 公交车、CNG 出租车等。

7. 发电、制氢用气

天然气作为低污染的城镇燃气，在可再生能源技术未成熟的前提下，天然气发电及制氢是燃煤发电、煤制氢的优先替代工艺，这也是今后天然气应用的主要发展方向。

二、需求保供优先级

1）优先满足城镇居民生活用气。
2）其次要满足用天然气代替以传统化石能源为燃料的工业用气。
3）要尽量满足医院、学院、科研和食堂等公用用气。
4）最后保证工业企业用气。

城镇燃气的气量分配要兼顾以上 4 个方面，同时也要充分考虑由季节性导致的用气量峰谷，合理的气量调配关乎城市的正常运行及发展，这也是未来城镇燃气在数字化转型过程中的重点方向。

第二节 综合能源发展

实现"双碳"目标，能源是主战场。实现能源经济高质量发展，就要遵循安全、高效、绿色、智慧、开放、共享发展的理念，因此发展综合能源成为能源消费革命的重要推手。建设城市能源互联网，构建用能对象的综合能源系统，应用数字化转型技术，满足用户的智慧用能需求，实现多种能源的优化配置、优势互补，可有效提升用户能效，控制能源消费总量，从而推进能源消费革命，形成能源节约型社会。

本节主要介绍天然气相关的综合能源发展情况。

一、分布式能源

1. 定义

相对传统的集中供能方式而言，分布式能源的先进技术包括太阳能利用、风能利用、地热能利用、燃气冷热电联供等形式。

天然气分布式能源是分布式能源的涵盖范围，一般是指以天然气的综合利用为主要方式，将冷热电系统以小规模、小容量、模块化分散式的方式布置在用户附近，可独立输出冷热电的系统。

燃气冷热电三联供（CCHP）是天然气分布式能源的先进技术之一，因其技术成熟、建设简单、投资相对较低，使其在国内外行业中得到了迅速推广，图 6-2 为某经济开发区天然气分布式能源项目规划。

图 6-2　某经济开发区天然气分布式能源项目规划（资料来源：大云网）

2. 分类

（1）系统规模分类

1）楼宇分布式能源系统。主要以制冷/采暖需求为主，一般使用内燃机作为能源输出设备。

2）区域分布式能源系统。主要以低压蒸汽为主，规模较大，一般使用燃气轮机作为能源输出设备，输出的余电可并网上网。

（2）服务对象分类

1）公建类分布式能源。

医院、数据中心、学校、交通枢纽、大型综合体、酒店等。

2）工业类分布能源。

制药企业、食品企业、纺织企业、陶瓷企业等。

3）园区类分布式能源。

经济开发区、工业园区、高新区、城市新区等。

4）产业新城分布式能源。

表 6-1 为综合能源业态场景，包括园区、建筑、交通三类用户场景，园区和建筑有人员集中、用能需求多样化、智慧化能源可行性高等优势，成为分布式能源业务的主战场。

表 6-1　综合能源业态场景

用户场景	园区综合能源 （各类园区、厂区）	建筑综合能源 （医院、学校、酒店、综合体）	交通综合能源 （充换电、加氢）
产品服务	工业蒸气、发售电、区域采暖、碳交易	制冷、蒸气、采暖/热水、碳交易	充电、换电、加氢、制氢、碳交易
项目方案	燃气轮机、调峰锅炉、热网、屋顶光伏、配网、储能、智慧能源管理平台	燃气内燃气、空调、热泵、屋顶光伏、储能、蓄冷、智慧能源管理平台	充电桩：燃气发电、储能 加氢站：电解水制氢、天然气制氢

3. 分布式能源技术方案

（1）燃气冷热电联供

燃气冷热电联供是天然气分布式能源的先进技术之一，由原动机、余热利用设备、排气通风及电器设备构成，以天然气为主要燃料带动燃气轮机或内燃机等燃气发电设备运行，产生的电力满足用户的电力需求，系统排出的废热通过余热锅炉或余热直燃机等余热回收利用设备向用户供热、供冷。经过能源的梯级利用使能源利用效率从常规发电系统的40%左右提高到80%左右，节省了大量的一次性能源。如果用户只有电力和用热需求，技术路线则为燃气热电联产。图6-3为某天然气热电联产工程。

图6-3 某天然气热电联产工程（资料来源：中联西北工程设计研究院）

（2）分布式能源系统主要设备

1）燃气轮机。由压气机、燃烧室和燃气涡轮组成，是以连续流动的气体为工质带动叶轮高速旋转，将燃料的能转变为有用功的内燃式动力机械，被誉为"工业皇冠"，是工程热物理学界、材料学界最顶尖技术的载体。图6-4为燃气轮机。

图6-4 燃气轮机

2）燃气内燃机。将燃料和空气混合，在其气缸内燃烧，释放出的热能使气缸内产生高温高压的燃气。燃气膨胀推动活塞做功，再通过曲柄连杆机构将机械功输出。图 6-5 为燃气内燃机。

图 6-5　燃气内燃机

3）余热利用设备。

①余热锅炉。分为余热导热油锅炉、余热蒸汽锅炉、余热热水锅炉。

②余热溴化锂。回收余热，通过溴化锂机组，为用户提供热水（冬）、冷水（夏）。

③热泵系列。热泵是一种将低位热源的热能转移到高位热源的装置（中央空调）。

④储能（储电、冷、热）。表 6-2 为储能分类，在能量富裕或价格低时，利用特殊技术与装置把能量储存起来，并在能量不足或价格较高时释放出来，从而调节能量供求在时间和强度上的不匹配问题。

表 6-2　储能分类

类型	技术特点	应用场景
储电	铅酸电池；锂离子电池、钠硫电池；液流电池	1. 根据用户冷热电能源需求选择储能模式； 2. 峰谷电价差高于 0.6 元； 3. 全国电价政策改革，峰谷电价进一步扩大，储能电池造价进一步降低趋势，储能市场前景广阔
储冷	储能剂（显热式、潜热式和半潜热式）	
储热	储热介质（显热、潜热）	
其他	绿电水解制氢、抽水蓄能等	大型电站

二、分布式供暖

1. 分布式供暖的定义

供热业务范畴主要包括供暖和蒸汽供应，供暖的两种形式分别是市政集中供暖和分布式供暖。市政集中供暖系统由"热源厂—主管网—换热站—区域管网—用户"构成，其供暖热源主要以蒸汽或热水为介质，经供热管网向全市或其中某一地区的用户供应生活和生产用热，也称区域供热，是城市能源建设的一项基础设施。

从能源利用方面来讲，集中供暖一次性投资大，运行费用高，无论是否需要，暖气始终全天供热，因楼层不同而造成温度不均，若遇到供暖偏热，居民只有开窗降温，使宝贵的能源白白浪费。

2. 分布式供暖系统及优势

（1）分布式供暖系统

分布式供暖系统由"能源站—庭院管网—用户"构成，一般只覆盖一个小区域，不需要建设市政热力大管网。

（2）分布式清洁供暖的优势

分布式清洁供暖与传统燃煤锅炉集中供热相比，具有以下四大优势：

1）投资少。

集中供热电厂建设和管网建设投资巨大，而分布式清洁供热投资分散，单个项目投资相对较少。

2）节约土地。

电厂占地面积大，管网又占据城市大量的空间，规划困难。而分布式清洁供热，不需要在城区建设大管网，仅利用小区部分地下室或闲置场地即可。

3）清洁低碳。

虽然电厂利用新技术排放达标，但其原料运输、灰渣转运会带来巨大污染。分布式清洁供暖采用清洁能源，不会带来污染。

4）分布式供暖区域灵活，建设周期短。

电厂从审批到建成周期漫长，分布式供暖在大、小规模的小区和城市综合体都可以单独建设，时间一般为2～5个月。

分布式清洁供暖的优势明显，相信随着南方供暖事业的不断发展，分布式供暖将被越来越多的客户接受，区域集中和分布式供暖相结合会成为南方供暖的发展趋势。图6-6为某市学校空气能热泵供暖项目。

图6-6 某市学校空气能热泵供暖项目

3. 我国供暖发展历程

我国城市供暖基本形成以秦岭—淮河一带为分界线，以北集中供暖、以南不供暖的区域格局。自20世纪70年代开始，历经50余年的发展，供暖产业正成为快速成长的新兴产业和国民经济的重要组成部分，市政集中供暖形成了可代性低、非排他性、公用性和公益性等特点，因此具有准公共物品的特性。

（1）北方供暖情况

截至2022年，我国北方地区供暖总面积238亿 m^2，已形成以燃煤热电联产和燃煤锅炉为主、天然气供暖为辅、其他热源补充的格局，未来将持续发展清洁供暖。在能源转型的大背景下，未来的北方供暖的发展方向主要分为四个方向：热电联产工业余热供暖、天然气供暖、可再生能源、降低能耗。

（2）南方供暖情况

夏热冬冷地区含长江中下游七省二市，已发展的供暖体量小、比例低。从气候特征、能源结构和居民生活方式等方面分析，夏热冬冷地区清洁供暖不应该照搬北方集中供暖的模式，而应该采用多元化的清洁供暖方式解决，集中供暖只有在一定条件下是可行的。南方供暖重点发展方向是探索如何利用可再生能源、结合智慧运营，实现多热源供应、按需调节，以及温度对口。

4. 行业市场

（1）市场发展容量

"十四五"期间，全国城市供暖总需求增量为 9 亿 GJ（25.14 亿 m²），保守估计分布式供暖 1.25 亿～1.6 亿 GJ（3.5 亿～4.5 亿 m²），增量市场为 100 亿 m² 级。

根据抽样调查数据：北方地区新增分布式供暖市场容量为 1.05 亿～1.4 亿 GJ（2.92 亿～3.9 亿 m²）；夏热冬冷地区新增分布式供暖市场容量约为 0.2 亿 GJ（0.56 亿 m²）。

（2）价格分布

我国目前供暖收费主要分为面积收费及热计量收费。集中供暖企业普遍供热成本高于平均热价，收费模式以按面积收费为主，市场化热计量收费模式仍未推广。

1）按面积收费。全国每个采暖季热价在 13.2～36 元/m²，平均热价 23.77 元/m²；平均供热成本 30 元/m²，燃料成本占供暖成本的 50%～60%。

2）按热计量收费。平均基础热价占整个采暖季热价的 35%，热计量热价在 17.8～79 元/GJ，平均热计量热价为 40.06 元/GJ［0.144 元/

（kW·h）］；全国公建热计量收费面积占公建供热面积的 24%，全国居民热计量收费面积占居民供热面积的 12%。

长江流域收费标准相较于北方供暖，市场化且收费方式更加多样化和精细化，现有市政集中供暖区域费用保持在 21～25 元/m²。

5. 国家政策

国家政策方面要求逐步调控煤电发展，调整能源结构，推进清洁能源供暖；以多能互补的供暖形式，要求坚持因地制宜，加快可再生能源的开发与推广，研究探索南方地区清洁取暖，在长江流域和南方发达地区，鼓励以市场化方式为主，因地制宜发展清洁能源供暖，培育产品制造和服务企业。中央部门和地方的政策导向基本一致，京津冀及周边地区率先实现清洁能源供暖、西北地区增加清洁能源供应以实现热源清洁化、长江经济带推广分散供暖，因地制宜开发利用多种能源。

三、氢能

1. 氢气性能

气态氢的密度为 0.089 8 kg/m²（101.3 kPa、0℃时），约为空气密度的 1/14，无色、无嗅的可燃气体，难溶于水。在空气中的着火温度为 574℃，在氧气中的着火温度为 560℃；着火燃烧界限在空气中为 4%～75%（体积），在氧气中为 4.5%～94%（体积）；氢气易扩散、易泄漏，由于分子量小和黏度小，约比空气扩散快 3.8 倍，所以氢气既比空气轻，又易扩散，一旦泄漏到周围环境中，一般呈上升趋势。

2. 氢能源的主要特点

（1）重量轻

标准状态下，氢能源的密度为 0.089 9 g/L，−252.7℃时，可成为液体。

（2）导热性好

氢能源比大多数气体的导热系数高出 10 倍，氢是很好的传热载体。

（3）储量丰富

据估计，氢能源构成了宇宙质量的 75%，主要以化合物的形态贮存于水中，而水是地球上最广泛的物质。

（4）回收利用性强

利用氢能源的汽车排出的废物只是水，所以可以再次分解氢，再次回收利用。

（5）理想的发热值

除核燃料以外，氢的发热值是所有化石燃料、化工燃料和生物燃料中最高的，为 142 351 kJ/kg，是汽油发热值的 3 倍。

（6）燃烧性能好

氢能源点燃快，与空气混合时有广泛的可燃范围，而且燃点高，燃烧速度快。

（7）环保

与其他燃料相比氢燃料最为清洁。

（8）利用形式多

氢能源既可以通过燃烧产生热能，在热力发动机中产生机械功，又可以作为能源材料用于燃料电池，或转换成固态氢用作结构材料。

（9）多种形态

氢能源以气态、液态或固态的金属氢化物出现，能适应贮运及各种应用环境的不同要求。

（10）耗损少

氢能源可以取消远距离高压输电，代以远近距离管道输氢，安全性相对提高，能源无效损耗减小。

（11）利用率高

氢能源取消了内燃机噪声源和能源污染隐患，利用率高。

（12）运输方便

氢能源可以减轻燃料自重，增加运载工具有效载荷，从而降低运输成本，从全程效益考虑社会总效益优于其他能源。

3. 氢能产业链

氢能产业链较长，由上游氢气制备，中游氢气的储运及加注，下游氢气应用组成，其中上游、中游大规模、高效、低成本制备、储运氢是发展的关键。

（1）上游制氢

氢气按制备方式划分，可分为"灰氢""蓝氢""绿氢" 3 类。化石能源制氢称为"灰氢"，制氢过程中会产生二氧化碳排放，制得氢气中普遍含有杂质，对提纯及碳捕获有较高要求。"蓝氢"是指化石能源制氢过程中利用应用碳捕集、利用与封存技术（CCUS），实现低碳制氢。工业副产氢能够避免尾气中的氢气浪费，但从长远来看无法作为大规模集中化的氢能供应来源；可再生能源制氢称为"绿氢"，纯度等级高，杂质气体少，易与可再生能源发电结合，被认为是未来最具有发展潜力的绿色氢能供应方式。

我国的氢源结构目前仍以煤为主，来自煤制氢的氢气占比约为62%、天然气制氢占 19%，电解水制氢仅占 1%，工业副产占 18%。目前的氢能基本全部用于工业领域。

1）化石能源制氢。

化石能源制氢是指煤炭、天然气、石油等制取氢气，其中煤制氢和天然气制氢的应用最广泛。

①煤制氢。通过煤炭与汽化剂混合后在高温高压条件下进行反应生成混合气体，通过后续工艺提纯除杂后，可获得高纯氢气。

②天然气制氢。主要通过蒸汽甲烷重整（Steam Methane Reformer，SMR），在高温及催化剂存在的条件下，使甲烷与水蒸气发生反应生

成合成气。

现阶段煤制氢成本低于天然气制氢，但从中长期来看天然气制氢成本下降空间更大，未来CCUS成本叠加或将缩小天然气制氢成本与煤制氢成本的差距。

2）可再生能源发电制氢。

电解水制氢是一种绿色环保、操作灵活的制氢手段，产品纯度高，且可与风电、光伏等可再生能源耦合制氢，实现氢气的大规模生产。目前碱性电解实现大规模工业应用，未来质子交换膜电解应用优势明显。随着风能、光伏发电成本不断下降，未来电解水制氢经济性凸显。

①制氢成本。可再生能源发电成本的下降是降低电解水制氢成本的重要途径，随着我国光伏及风电装机量的增长，未来电解水制氢竞争力凸显。

②发展预测。根据中国氢能联盟预测，2025年，中国可再生能源电解水制氢成本有望降至25元/kg，彼时将具备与天然气制氢进行竞争的条件；2030年，可再生能源电解水制氢成本将低至15元/kg，氢气具备与配套CCUS的煤制氢竞争的条件。

3）工业副产氢。

我国工业副产氢资源丰富，可作为我国氢能发展初期的过渡性氢源。化石能源制氢过程碳排放巨大，而工业副产物中提取氢气可减少碳排放，也可以提高资源利用率和经济效益。目前我国排空的工业副产氢产量为1 000万t，其中焦炉煤气合成氨、合成甲醇等副产氢工艺制氢潜力最大。

（2）中游储运

1）储氢。氢储存的方式有高压气态储氢、低温液态储氢和固态储氢。目前高压气态储运氢技术相对成熟，是我国现阶段主要储运方式。

①高压气态储氢。高压气态储氢即将氢气压缩到一个耐高压的容器中，高压容器内氢气的储量与储罐内的压力成正比。具有充放氢速

度快、容器结构简单等优点。储氢瓶组分为高压瓶组和高压容器，其中钢质氢瓶和钢制压力容器技术最为成熟、成本较低，而碳纤维缠绕高压瓶组主要用于车载。图 6-7 为 45 MPa 储氢瓶式容器组。

图 6-7　45 MPa 储氢瓶式容器组

②低温液态储氢。低温液态储氢方式适用于距离较远的场景，由于液氢的沸点极低，与环境温差极大，对储氢容器的绝热要求高，导致目前使用存在局限性。在标准大气压下，将氢冷却至−252.73℃液化储存在特制的高度真空的绝热容器中，常温常压下密度是氢的 845 倍。具有储氢密度高等优势，但装机投资较大，能耗较高，储存过程中有蒸发损耗，适用于距离较远的场景，目前仍有局限性。

③固态储氢。固态储氢方式由于技术复杂，成本高，尚未规模化使用。以金属氢化物、化学氢化物和纳米材料等作为储氢载体，通过化学吸附和物理吸附的方式实现储存；具有储氢密度高、安全性好、氢气纯度高等优势，但技术复杂、成本高，尚未规模化使用。金属氢化物储氢是目前最有希望且发展较快的固态储氢方式。

2）运氢。氢的运输方式分为气态输运、液态输运和固体输运 3 种。从气态输运来看，长管拖车和管道各有优势；液态输运通常用于距离较远、运输量较大的场合。

①气态输运。气态输运分为长管拖车和管道输运，高压长管拖车

是氢气近距离输运的重要方式，技术较为成熟。

②管道输运。管道输运是实现氢气大规模、长距离运输的重要方式，具有输氢量大、能耗小和成本低等优势，存在"氢脆"等技术难点。

③液态输运。在长距离环境下，采用液氢能够减少车辆运营频次，提高加氢站单站供应能力。日本、美国将液氢罐车作为加氢站运输的重要方式之一。

（3）下游用氢

燃料电池是氢能下游最关键的应用，作为一种能量转化装置，等温的把储存在燃料和氧化剂中的化学能直接转化为电能，而使用这种电池的汽车称为燃料电池汽车，运行过程零排放、无污染，能量转换效率高。图6-8为某产业园加氢站，是某集团EPC总承包的目前国内加氢能力最大、集成最新技术最多并使用光伏绿电制氢一体站。

图 6-8　某产业园加氢站

1）氢燃料电池优势：

①可再生。氢气为可再生能源，来源广泛。

②效率高。氢燃料电池转化效率可达 60%，是内燃机的 2～3 倍。

③无污染。产物为水，无有害生成物。

④加氢快。加氢更方便，3～5 min 可加满。

⑤更安全。相较于燃油和锂电池，氢气极易消散，道路使用更为安全。

⑥长续航。能量密度高，车载续航可达 500～1 000 km。

2）国内氢燃料电池发展概况。

目前我国燃料电池车市场定位与海外存在较大差异，仍以中长距离和重载的商用车为主，与纯电动汽车在车型上形成互补效果。

从成本来看，燃料电池系统是燃料电池车的价值量中心，在整车成本中的占比高达 64%。从技术层面来看，国内燃料电池系统在额定功率、质量功率密度、低温启动能力等关键指标上已逐步接近国际领先水平。

整体来看，我国燃料电池系统已基本实现国产化。不过燃料电池系统竞争格局较差，行业集中度下降，而且头部企业洗牌较为严重，产品价格迅速下降。

而在燃料电池系统中，电堆为电化学反应发生场所，是燃料电池动力系统的功能核心和价值量中心，在燃料电池系统中的成本占比高达约65%。在技术水平上，国外电堆技术水平仍处于领先地位，但在持续高研发的投入下，我国在 70 kW 以下电堆已可以基本实现国产化。

目前国内的氢能尚处于产业发展早期，由于技术问题、成本问题、产业链不完善的问题，尚无法进行商业化运营。

专业知识篇

第七章

城镇燃气的输配

第一节　城镇燃气输配系统

一、城镇燃气输配系统

城镇燃气输配系统是指从高压长输管道经过城市门站计量、加臭、高中压调压、中低压调压等各级管道最终输送到用户用气终端的燃气供应系统。

二、城镇燃气输配系统的组成

城镇燃气输配系统有管道输配系统和液化石油气瓶装系统 2 种。本书主要介绍管道输配系统。

管道输配系统一般由接受站（或门站）、输配管网、天然气储气设施、天然气调压设施及运行管理设施和监控系统等共同组成。其中，输配管网管道的设计压力（P）等级分为 7 级，具体划分标准见表 7-1。

表 7-1 输配管网管道设计压力（*P*）等级

名称		压力/MPa
高压燃气管道	A	2.5＜*P*≤4.0
	B	1.6＜*P*≤2.5
次高压燃气管道	A	0.8＜*P*≤1.6
	B	0.4＜*P*≤0.8
中压燃气管道	A	0.2＜*P*≤0.4
	B	0.01≤*P*≤0.2
低压燃气管道		*P*＜0.01

1. 接收站

接收站（门站）负责接收气源来气并进行净化、加臭、储存、控制供气压力、气量分配、计量和气质检测等。

2. 输配管网

一般由高、中、低多级压力的管网构成，呈环状或枝状分布。输配管网是将接收站（门站）的天然气输送至各储气点、调压室、天然气用户，并保证沿途输气安全可靠。

3. 天然气储气设施

天然气储气设施的作用：一是储存一定量的天然气以供用气高峰时调峰；二是当输气设施发生暂时故障、维修管道时，保证一定程度的供气能力；三是对使用的多种天然气进行混合，使其组分均匀；四是将天然气加压（减压）以保证输配管网或用户燃具使用天然气有足够的压力。

4. 天然气调压设施

天然气调压设施是将输气管网的压力调节至下一级管网或用户

所需压力，并使调节后的天然气压力保持稳定。

三、城镇燃气输配系统布置及相关依据

城镇燃气输配系统压力级制的选择，以及接收站、储气设施、调压设施、燃气干管的布置，应根据燃气供应来源、用户的用气量及其分布、地形地貌、管材设备供应条件、施工和运行等因素，经过多方案比较，择优选取技术经济合理、安全可靠的方案。

四、统筹调配的要求及方式

当采用天然气做气源时，城镇燃气用气不均匀性的平衡，应由气源方（供气方）统筹调度解决。

需气方应对城镇燃气用户做好用气量的预测，在各类用户全年的综合用气负荷资料的基础上，制订逐月、逐日用气量计划。

在平衡城镇燃气逐月、逐日的用气不均匀性的基础上，平衡城镇燃气逐小时的用气不均匀性，城镇燃气输配系统尚应具有合理的调峰供气措施，并应符合下列要求：

1）城镇燃气输配系统的调峰气总容量，应根据计算月平均日用气总量、气源的可调量大小、供气和用气不均匀情况和运行经验等因素综合确定。

2）确定城镇燃气输配系统的调峰气总容量时，应充分利用气源的可调量（如主气源的可调节供气能力和输气干线的调峰能力等）。采用天然气做气源时，平衡小时的用气不均所需调峰气量宜由供气方解决，用气不足时由城镇燃气输配系统解决。

3）储气方式的选择应因地制宜，择优选取技术经济合理、安全可靠的方案。对来气压力较高的天然气输配系统宜采用管道储气的方式。

第二节　城镇燃气管网系统

一、城镇燃气管网系统的分类

城镇天然气管网系统根据所采用的管网压力级制不同可分为：

1. 一级系统

仅由低压或中压一级压力级别的管网输配系统。

2. 两级系统

由低压和中压 B 或低压和中压 A 两级组成的管网输配系统。

3. 三级系统

由低压、中压和次高压或高压三级组成的管网输配系统。

4. 多级系统

由低压、中压、次高压和高压组成的管网输配系统，如图 7-1 所示。城镇燃气管网采用不同的压力级制是比较经济的，能满足不同用户的天然气压力需求，也能满足安全要求。

二、城镇燃气管网系统的选择

城镇燃气管网系统的压力级制和总体布置应根据城镇地理环境、燃气供应来源和供气压力、用户需求和用户分布、原有燃气设施状况等因素合理确定。燃气管道的设计使用年限不应小于 30 年。

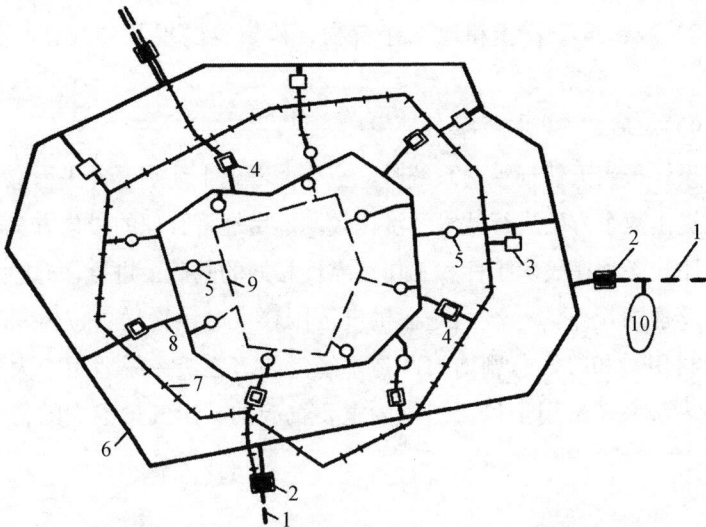

1—长输管线；2—城镇燃气分配站；3—调压计量站；4—储气站；5—调压站；6—高压 A 环网；
7—高压 B 环网；8—中压 A 环网；9—中压 B 环网；10—地下储气库。

图 7-1 多级管网系统示例（资料来源：燃气资讯）

在选择天然气输配管网系统时，应考虑诸多因素，其中最主要的因素有以下几点：

1）燃气供应的来源情况。

2）城镇规模、远景规划情况、街区和道路的现状和规划、建筑特点、人口密度、各类用户的数量和分布情况。

3）原有的城镇天然气供应设施情况。

4）对不同类型用户的供气方针、汽化率及不同类型的用户对天然气压力的要求。

5）大型天然气用户的数目和分布。

6）储气设备的类型。

7）城镇地理地形条件，敷设天然气管道时遇到天然和人工障碍物（如河流、湖泊、铁路等）的情况。

8）城镇地下管线和地下建筑物、构筑物的现状和改建、扩建规划。

9）对城镇天然气发展的要求。

设计城镇天然气管网系统时，应全面考虑上述因素并进行综合，从而提出数个方案进行技术经济比较，选用经济合理的最佳方案。方案的比较必须在技术指标和工作可靠性相同的基础上进行。

一般情况下，一级系统在供气范围较大时，输送单位体积燃气的管材用量和投资急剧增加，是不经济的。三级系统适用于大型城市。多级系统适用于以天然气为主要气源的、用气量很大的特大型城市。

三、城镇燃气管网管道的敷设

城镇燃气管网一般采用地下敷设。所谓布线，是指城镇燃气管网系统在原则上选定之后，决定各管段的具体位置。城镇燃气管网的布线要满足供气及使用要求，尽量直线布置，缩短管长，节省投资和工程量。

城镇燃气管道在城市中常采用地下敷设。地下燃气管道宜沿城市道路、人行便道敷设或敷设在绿化地带内，不得从建筑物和地上大型构筑物的下面穿越，但架空的建筑物和大型构筑物除外。埋设深度则应根据冻土层、路面荷载和道路结构层来确定。当管道穿过排水管沟、热力管沟、电缆沟、联合地沟、隧道及其他沟槽时，应采取防止燃气泄漏到沟槽中的措施。在埋地敷设有障碍、遇到河流或为了管理维修方便等情况时，可采用架空敷设。架空敷设时，应采取防止车辆冲撞等外力损害的有效措施。对停用或废弃的燃气管道应采取有效措施，保障自身及周边环境安全性。

第三节 燃气管道及附属设施

一、城镇燃气管道的种类及特征

燃气管道的管材种类有很多，常用的有无缝钢管、焊接钢管、镀锌钢管和聚乙烯（PE）管。铸铁管虽然抗腐蚀性能好，但接口的气密性和抗震能力较差，承压能力较低，在燃气输送中一般已经不再选用。

如图 7-2 所示，无缝钢管耐压性较好，多用于压力较高的管道，也常见于小口径架空敷设。

图 7-2 无缝钢管

如图 7-3 所示，焊接钢管按照制作方法不同，可分为螺旋钢管和直缝钢管，常见于大口径埋地敷设。

图 7-3 焊接钢管

无缝钢管和焊接钢管的连接方式以焊接为主，但在与设备的连接处常用法兰连接。小口径无缝钢管采用刷漆防腐，大口径的无缝钢管、螺旋钢管和直缝钢管一般采用 3PE 防腐（3 层结构聚乙烯涂层外加防腐方式）处理。

如图 7-4 所示，镀锌钢管是由小口径直缝焊管经过热浸镀锌后制成，常用于室内供气系统，采用螺纹连接。

图 7-4　镀锌钢管

聚乙烯（PE）管具有耐腐蚀、质轻、流体流动阻力小、使用寿命长、施工简便、可盘卷、抗拉强度较大等优点。但其脆性大，对紫外线敏感，只能埋地使用，而且管径越大、壁厚越厚，经济性越差。因此，大多管径采用 250 mm 以下的中低压埋地管，一般采用热熔焊接或电熔焊接。

二、燃气管道附属设施的组成

为满足燃气管网的安全运行、检修、接线、调度等的需要，应在管道的适当地点设置必要的附属设备。这些附属设备有燃气阀门、补偿器、排水器、放散管、阀门井等。

1. 燃气阀门

燃气阀门是燃气系统中的输送控制部件，具有截断、调节、导流、分流或溢流泄压等功能。燃气阀门的种类有很多，天然气管道上常用的有闸阀、截止阀、止回阀、蝶阀、球阀、安全阀等。

如图 7-5 所示，闸阀通常用于不需经常启闭、保持全开或全闭的工况，不适用于调节或节流使用。

图 7-5 闸阀

如图 7-6 所示，截止阀用于截断介质流动，具有非常可靠的切断动作。

图 7-6 截止阀

如图 7-7 所示，止回阀只允许介质单向流动，阻止反方向流动。

如图 7-8 所示，蝶阀结构简单、体积小、可以快速启闭，操作简单，具有较好的流量控制特性。

图 7-7　止回阀

图 7-8　蝶阀

如图 7-9 所示，球阀所需转动力矩小，本身结构紧凑、易于维修，最适宜直接做开闭使用。

如图 7-10 所示，安全阀的作用原理是基于压力平衡，一旦系统压力超过设定压力，阀门开启。

图 7-9　球阀

图 7-10　安全阀

2. 补偿器

如图 7-11 所示，补偿器是调节管线因温度变化而伸长或缩短的配件。常用于架空管道和需要进行蒸气吹扫的管道上。补偿器安装在阀门的下侧（按气流方向），利用其伸缩性能，方便阀门的拆卸和检修。

图 7-11　补偿器

3. 排水器

排水器是用于排除天然气管道中冷凝水和石油伴生气管道中轻

质油的配件，由凝水罐、排水装置和井室 3 个部分组成。管道敷设时应有一定坡度，以便在低处设排水器，将汇集的水或油排出。

4. 放散管

如图 7-12 所示，放散管是一种专门用来排放管道内部的空气或天然气的装置。放散管设在阀门井中时，在环网中阀门的前后都应安装，而在单向供气的管道上则安装在阀门之前。

图 7-12　放散管

5. 阀门井

为了保证管网的安全与操作方便，地下天然气管道上的阀门一般都设置在阀门井中。阀门井应坚固耐久，具有良好的防水性能，并保证检修时有必要的空间。考虑到人员的安全，井筒不宜过深。

第四节　燃气调压

一、燃气调压设施的作用及组成

城镇燃气在接收、传输、使用过程中所要求的压力机制不同，这就需要借助调压设施进行燃气升压或降压处理。

燃气调压设施是城镇燃气管网系统中的一个调压单元，其主要设备包含调压器、安全装置、流量监测、过滤、切断和控制流量及其他附属设备，如图 7-13 所示。

1—调压器；2—放散阀；3—切断器；4—出口压力表；5—出口蝶阀；6—出口管；7—过滤器；
8—进口压力表；9—进口球阀；10—旁通球阀；11—手动调节阀；12—进口管。

图 7-13　某燃气调压设备构成

二、燃气调压设施的分类

燃气调压设施按照工作原理可分为直接作用式和间接作用式。

如图 7-14 所示，直接作用式调压器结构、操作简单，但出口压力波动较大，适用于稳压精度为 10%～20% 的系统。直接作用式调压器的出口压力通过调整调节弹簧加载力而设定。当调压器下游流量增大时，出口压力有下降的趋势，此时主调器下腔内的压力下降，使得调压膜片在调压弹簧的作用下向下移动，在杠杆作用下，阀杆带动调压阀瓣向上移动，使调压阀瓣与阀口的开度加大，从而通过阀口的流量增加，维持下游压力的恒定。

如图 7-15 所示，间接作用式调压器能满足更大流量和更高精度的要求，适用于稳压精度要求在 10%以内的系统。当用户流量增大时，调压器出口压力下降，指挥器膜片在弹簧的作用下，将指挥器阀口开大，驱动压力增加，调压器阀口开大。流经调压器的燃气流量增大，出口压力恢复为原值；当用户流量减小时，调压器出口压力升高，指挥器膜片在燃气压力的作用下，将指挥器阀口关小，驱动压力减小，调压器阀口关小。流经调压器的燃气流量减小，出口压力恢复至原值。

图 7-14　直接作用式调压器　　　图 7-15　间接作用式调压器

有些设备只能使用直接作用式调压器，如燃气锅炉需要迅速调压，间接作用式调压器即使双向控制也无法满足燃气锅炉对调压速度的要求。如需使用间接作用式调压器，则必须在下游加装燃气汇管或者储气设备，否则会造成间歇性断气。

另外，调压设施按照调节压力可分为高高压、高中压、高低压、中低压、中中压和低低压，按照使用目的可分为门站、区域调压装置、用户调压站和专业调压站。

三、燃气调压器

燃气调压器是燃气调压设施的主要部分，也可以看作燃气管路上的一种特殊阀门，无论气体的流量和上游压力如何变化，通过自动改变经调节阀的燃气流量，都能保持下游压力稳定。

1. 切断压力设定

工作人员应持有相关操作证书，操作前着工作服，备齐操作工具，检查各阀门状态是否正常，各连接处是否存在泄漏。

具体操作步骤：关闭进出口阀门，放空调压器中的燃气，确认切断阀为开启状态；顺时针完全拧紧切断阀调整螺钉，缓慢开启进口阀门，使气流平稳供气；将调压器出口压力调至切断压力值；逆时针缓慢旋转切断阀调整螺钉，直至切断阀切断。此时的出口压力即切断压力，锁紧切断阀的调整螺母，第一次切断压力设定完毕。切断压力设定值需复查 3 次。

2. 放散压力设定

缓慢升高调压器出口压力，直至有气体从放散口排出，记录该出口压力，即放散压力。如果实际放散压力与要求值不符，则拧下放散阀顶部螺塞，用套筒扳手旋转调整螺套，顺时针提高设定值、逆时针降低设定值。调整后，重新进行以上检查程序，反复检查调整，直至放散阀开启时的压力恰好等于放散压力要求值，达到此要求后需复查3 次。

3. 工作压力设定

确认调压器进出口阀门、切断阀为开启状态，进口压力在调压装置允许的范围内；松开锁紧螺母，顺时针慢慢旋进调整螺钉为提高出口压力，逆时针慢慢旋出调整螺钉为降低出口压力；观察出口压力，直至达到需要的压力值为止；最后锁紧调整螺母，完成工作压力设定。

4. 调压器的维护保养

调压器需要进行日常维护以及定期检查保养，以保证设备运行正常。

（1）一级保养

外部清洁，检查阀体外表面是否清洁，无污垢、锈蚀等现象；对调整螺丝进行清洁、除锈、润滑，螺丝旋紧、旋松均无障碍；检查导压管连接处调压法兰有无泄漏。

（2）二级保养

吹扫导压管，检查调压器阀口的密闭情况，是否严紧无泄漏；清洗滤网。

（3）三级保养

检查易损件有无老化变形现象（如阀口垫、密封件、薄膜、O形圈有无老化、溶胀、密封不严等），及时更换已溶胀、老化、压痕不均匀的密封件；进行总体维护，检查各零件有无磨损及变形现象，必要时进行更换。

5. 调压器运行常见故障

（1）出口压力偏低

造成出口压力偏低的主要原因：弹簧失效或选型不当；阀口结冰；进气口堵塞；指挥器通往调压器内部的信号管堵塞或损坏。

对应的处理方法：更换弹簧；对进口气体进行加热处理；打开调节器清理杂物；清洗信号管道。

（2）关闭压力升高

造成关闭压力升高的主要原因：指挥器皮膜老化或破损；阀口有杂物；阀口垫溶胀、老化。

对应的处理方法：更换皮膜；清洗或更换阀口；更换溶胀的阀口垫。

（3）出口压力不稳定

造成出口压力不稳定的主要原因：燃气杂质多；气体压力或流量突然变化干扰；出口压力高，前压波动大。

对应的处理方法：清洗过滤器；稳定压力和流量；调节出口压力。

（4）下游没有气体通过

调压阀下游没有气体通过的主要原因：过滤器堵塞；切断阀被触发；调压器皮膜损坏；进口流量不足，指挥器无气体通过。

对应的处理方法：清洗过滤器；打开切断阀；更换皮膜；调节入口流量。

燃气调压器维修前，必须将调压通道的前后阀门关闭并泄压，才能拆开或拆卸调压器、切断阀。维修完毕后，应先进行气密性试验，合格后方可重新使用。

调压器恢复到供气状态应按照步骤依次操作。首先，打开放散阀，缓慢开启进气阀门，通过压力计观察压力是否稳定，开启出气阀门，观察压力计，等待压力稳定；待压力计压力稳定，迅速开启进气阀门，即送气成功；如果压力计压力降低，需查明原因，重复以上步骤。

第五节　燃气管线保护及巡查

一、燃气管线的主要保护措施

1. 敷设警示带

敷设警示带对保护燃气管道、防止被意外破坏是十分重要的。警示带敷设应尽量靠近路面，防止机械开挖时警示带离燃气管道过近而起不到警示作用。警示带不得埋入路基石和路面里，防止被损坏而造成提示语不清楚。

2. 设置管道路面标志

长输管线一般应设置路面标志，现有的城市燃气管道沿线也应设置路面标志。从安全角度来讲，路面标志是防止其他施工对燃气管道造成破坏的第一道屏障。城市地下管道错综复杂，地形、物貌变化较快，甚至燃气管道安装后几年就找不到确切的位置；从燃气设施管理、抢险角度来讲，路面标志能便于管理，提高抢险速度。

直线管线路面标志的设置间隔不宜大于 200 m，可根据路面标志的清晰程度以及道路的情况确定间隔距离。

二、燃气管线的巡查

管道企业可以根据需要配置专职巡线员或聘任兼职巡线员。巡线员应明确自己的工作范围及要求，以保证燃气管网正常运行。

1. 巡查准备工作

（1）明确巡查计划

查看计划内容、明确到达路线、回忆巡查重点。

（2）巡查准备

检查工具是否齐全、检查车辆证照、检查车辆状况。

（3）仪器设备检查

检查仪器的电量、检查是否可正常使用、检查仪器是否在标定有效期内。

（4）检查相关记录资料

检查原始记录资料、检查签发和张贴资料、检查笔等工具。

2. 管道巡查的内容

按照《城镇燃气设施运行、维护和抢修安全技术规程》（CJJ 51—2016）的要求，管道巡查应包括以下内容：

管道沿线不应有燃气异味、水面冒泡、树草枯萎和积雪表面有黄斑等异常现象或燃气泄出声响等。

管道安全保护距离内不应有土壤塌陷、滑坡、下沉、人工取土、堆积垃圾或重物、管道裸露、种植深根植物及搭建建（构）筑物等。

对于特殊地段的管道，如穿越跨越处、斜坡地段等，应在暴雨、大风或其他恶劣天气过后及时巡查。

发现安全间距内有施工，应及时上报并加强对用户、建设单位、施工单位燃气管线及附属设施的保护宣传。

不应有因其他工程施工而造成管道损坏、管道悬空等，对有可能影响燃气管线安全运行的施工现场，应加强燃气管线的巡查与现场监护，可设立临时警示标志。

不应有燃气管道附件丢失或损坏。

应定期向周围单位和住户询问有无异常情况。

3. 燃气泄漏现场应急处理方法

如巡查发现燃气管线破损、断裂，燃气泄漏到地下空间或建（构）筑物内可能引发燃烧、爆炸，立即上报生产调度，说明泄漏管线名称、泄漏点详细地址、泄漏点现场状况、管线巡查人员联系电话等，同时上报本部门，本部门及时上报领导。疏散周围群众并熄灭火源，维持现场秩序，紧急情况及时拨打"119""110"协助。燃气泄漏到建（构）筑物内时，应打开建（构）筑物门窗，燃气泄漏到地下空间时，应打开泄漏点周边的地下空间（电力、电缆、污雨水井等）井盖。做好现场安全监护，在抢险人员到达前不可离开泄漏现场，防止灾害事故发生。管线巡查人员应向到达现场的抢险人员说明泄漏情况，积极配合抢险，签字交接后方可离开现场。

4. 主要附属设施巡查要求

（1）阀门（井）巡查

阀门（井）是否有丢失、被占压、被掩埋；井圈、井盖、水泥盖板是否配套、完好、固定；阀井编号是否清晰、完整。

（2）调压设施巡查

巡视检查调压器工作是否正常。当发现有燃气泄漏、调压器喘息、压力跳动时应及时上报；巡视检查调压设施及箱体、外壳是否损坏，调压设施及箱体是否存在锈蚀、损坏、缺失、广告粘贴物现象；调压设施上的警示标识是否符合要求，调压设施上标识、抢修电话、编号牌等是否完整、清晰；调压设施是否卫生良好，无蜘蛛网、无积尘和杂物。

（3）阴极保护装置巡查

应定期检查阴极保护装置，检查是否有遗失、外观是否完好、是否被掩埋；测试端子是否完好、报险电话是否清晰、编号是否完整无污损、桩体油漆是否醒目。

（4）标示贴和标示桩巡查

检查地面标示贴、标示桩是否完好，是否污损、破裂；若管线已报废，标示贴、标示桩也应及时去除。

第八章

城镇燃气的市场供应

第一节　燃气经营许可制度

一、燃气经营许可制度

燃气经营许可制度是城镇燃气领域一项基本的法律制度，是政府依法加强燃气管理的一种事前控制手段，也是对燃气经营的申请者进入市场获得经营权的准予。国家对燃气经营实行许可证制度。取得燃气经营许可证的基本程序：申请、受理、审查、听证、决定、核发许可证。

从事燃气经营活动的企业，应当依法取得燃气经营许可，并在许可事项规定的范围内经营。申请燃气经营许可的，应当具备下列条件：

1）符合燃气发展规划要求。燃气经营区域、燃气种类、供应方式和规模、燃气设施布局和建设时序等符合依法批准的燃气发展规划。

2）有符合国家标准的燃气气源。

①应与气源生产供应企业签订供用气合同。

②燃气气源应符合国家城镇燃气气质有关标准。

3）有符合国家标准的燃气设施。

①有符合国家标准的燃气生产、储气、输配、供应、计量、安全等设施设备。

②燃气设施工程建设符合法定程序，竣工验收合格并依法备案。

4）有固定的经营场所。

有固定的办公场所、经营和服务站点等。

5）有完善的安全管理制度、健全的经营方案。

安全管理制度主要包括安全生产责任制度，设施设备（含用户设施）安全巡检、检测制度，燃气质量检测制度，岗位操作规程，燃气突发事件应急预案，燃气安全宣传制度等。

经营方案主要包括企业章程、发展规划、工程建设计划，用户发展业务流程、故障报修、投诉处置、质量保障和安全用气服务制度等。

6）企业的主要负责人、安全生产管理人员以及运行、维护和抢修人员经专业培训并经燃气管理部门考核合格。

经专业培训并考核合格的人员及数量，应与企业经营规模相适应，最低人数应符合以下要求：

①主要负责人是指企业法定代表人和未担任法定代表人的董事长（执行董事）、经理。以上人员均应经专业培训并考核合格。

②安全生产管理人员是指企业分管安全生产的负责人，企业生产、安全管理部门负责人，企业生产和销售分支机构的负责人以及企业专职安全员等相关管理人员。以上人员均应经专业培训并考核合格。

③运行、维护和抢修人员是指负责燃气设施设备运行、维护和事故抢险抢修的操作人员，包括但不仅限于燃气输配场站工、液化石油气库站工、压缩天然气场站工、液化天然气储运工、汽车加气站操作工、燃气管网工、燃气用户检修工、瓶装燃气送气工。最低人数应满足以下要求：

　　管道燃气经营企业，燃气用户 10 万户以下的，每 2 500 户不少于 1 人；10 万户以上的，每增加 2 500 户增加 1 人。

　　瓶装燃气经营企业，燃气用户 1 000 户及以下的不少于 3 人；1 000 户以上不到 1 万户的，每 800 户 1 人；1 万～5 万户的，每增加 1 万户增加 10 人；5 万～10 万户的，每增加 1 万户增加 8 人；10 万户以上的，每增加 1 万户增加 5 人。

　　燃气汽车加气站等其他类型燃气经营企业人员及数量配备以及其他运行、维护和抢修类人员，由省级人民政府燃气管理部门根据具体情况确定。

二、燃气特许经营制度

　　燃气特许经营制度属于《行政许可法》中有关"有限自然资源开发利用、公共资源配置以及直接公共利益的特定行业的市场准入等需要赋予特定权利"的行政许可。燃气经营许可具有进行公共资源配置和防范风险的功能，是进入燃气经营的基本门槛。然而，并非取得燃气经营许可证就一定能够在该区域进行燃气经营，还需要特别关注燃气特许经营权问题。

　　依据国家《城市管道燃气特许经营协议（示范文本）》的规定，燃气特许经营权是指燃气经营企业通过竞争方式从政府取得，在特许经营期限内独家在特许经营区域范围内运营、维护市政管道燃气实施、以管道输送形式向用户供应燃气，提供相关管道燃气设施的抢修抢险业务等并收取费用的权利。

　　由于城镇燃气输配管道具有自然垄断属性，政府可以统一规划并独家建设和经营，也可以通过市场竞争机制选择燃气投资者、建设者、运营者以及经营者。燃气特许经营制度就是通过权利的转让，由第三方进行专业化管理，通过市场的排他性权利，以非居民供气补贴居民供气，以市场保护换取政策性负担，一方面可以解决燃气供给、燃气安全管理等民生基础性问题；另一方面也减轻了政府的财政负担。

燃气特许经营制度属于政府通过签订行政协议授予的排他性民事财产权利，具有市场化的特点。取得燃气特许经营权的基本程序：确定实施特许经营的项目、政府批准、发布招标文件、受理投标、对投标人资格审查和方案预审、推荐投标候选人、评标、择优选择特许经营权授予对象、公示中标结果、经批准签订特许经营协议。

基于燃气特许经营制度与基于行政许可取得的燃气经营权，属于不同的权利，应将燃气特许经营权与燃气经营权区别来看。同时，燃气行业兼具公益性、安全性、垄断性和地域性等特点，需要依托法律规制与市场竞争的有机融合。离开适度有序的市场竞争，燃气行业将会缺少活力，继而效率降低；缺少必要的法律规制，则会出现无序竞争和过度竞争，最终造成城市重复建设和市场混乱。因此，燃气经营许可制度和燃气特许经营制度应互为补缺、共同发力，助力实现城镇燃气市场有序稳定安全的发展。

燃气企业的从业人员要能够区分燃气经营许可与燃气特许经营权之间的关系，即使已签署了特许经营协议，仍要在满足燃气经营许可的申请条件时，及时办理行政许可，避免未经许可开展燃气建设、经营等活动而受到行政处罚。

第二节　城镇燃气的用户类型

燃气是城市能源结构和基础设施的重要组成部分，为城市工业、商业和居民生活提供优质气体燃料，在节能环保方面发挥了重要作用。近年来，我国城镇化进程加快，城市化水平越来越高，人民生活水平不断提高，各级政府对城市燃气业务发展的支持力度也越来越大，我国城市燃气普及率逐年攀升。"十三五"时期末，我国城市燃气普及率已达 97.9%[①]。城镇燃气的发展，对提高城市居民的生活质量、改善城市环境、提高能源利用率具有十分重要的意义，在城市现代化中起着极其重要的作用。

根据燃气的使用性质，城镇燃气的消费主体主要有：居民生活用户、商业和公共建筑用户、工业企业用户、燃气汽车用户、天然气分布式能源站以及采暖和制冷用户等。

一、居民生活用户

居民用于炊事和日常生活用热水的用气。居民生活用户是城镇燃气供应的基本用户，城镇居民分散地使用煤作为燃料，热能利用效率只有 15%～18%，如将煤制成气体燃料，按制气技术的转换效率，可使热能利用效率提高 30%以上。优先供应和发展居民燃气用户，可以有效满足节能减排、城镇能源转型发展的要求，城镇燃气事业也是造福群众、满足群众美好生活需求的重要民生工程。燃气企业必须保证连续稳定地为居民生活用户供气，特殊情形下也应优先保障城镇居民生活用气。

燃气经营企业应当向居民生活用户持续、安全、稳定地供应符合国家质量标准的燃气；利用各种形式指导居民用户安全用气，开展安全用气宣传；每 2 年为居民用户免费提供至少 1 次入户安全检查，及时消除安全隐患，并建立完整的检查记录。燃气经营企业还应向居民用户提供抄表、收费、维修、抢修、咨询等燃气服务业务。

居民生活用户应当遵守安全用气规则，使用合格的燃气燃烧器

---

① 数据来源：《"十四五"全国城市基础设施建设规划》。

具、连接管和气瓶，及时更换国家明令淘汰或者使用年限已届满的燃气燃烧器具、连接管等；不得擅自安装、改装、拆除户内燃气设施和燃气计量装置；用户燃气管道及附件应结合建筑物的结构合理布置，并应设置在便于安装、检修的位置，不得设置在卧室、客房等人员居住和休息的房间（开放式厨房因与卧室、客房等无有效隔断，通常视作为同一空间）；居民用户应当配合燃气经营企业开展入户安全检查，并对检查出的问题及隐患及时进行整改。

二、商业和公共建筑用户

商业和公共建筑用户在城市中量大且分散，也是城镇燃气供应的基本用户。商业和公共建筑用户包括政府机关、科研单位、职工食堂、幼儿园、学校、医院、宾馆、酒店、餐饮业、理发店、娱乐场所、浴室、商场、写字楼、福利院、养老院、港口、码头客运站、汽车客运站、火车站、机场等，图 8-1 为使用燃气的商业用户。

图 8-1 使用燃气的商业用户

商业和公共建筑用户的燃气供应主要用于各类食品和饮料的热加工制作过程、生活用热水及饮用水，科研单位还用于实验室。与居民用户相比，商业用户的燃气消耗量较大，用气周期较长。以餐饮行业为例，较大规模的餐饮企业平均每小时就会消耗 80 m³ 天然气，是单户居民用户均值的几十倍，而高档酒店常用的燃气锅炉需要全天不间断地供气，这就要求燃气经营企业能够提供持续稳定的天然气，以保障其正常生产经营。另外，商业和公共建筑用户中有的属于公共福利性质，有的属于商业性质，因此，在燃气供应的价格上也会有所差别。

近些年，随着人们生活水平不断提高，商业活动日渐丰富，商业用气量大幅增加，燃气安全也面临着压力和挑战，安全形势严峻，一些地方燃气事故频发。自 2021 年 6 月以来，湖北省十堰市等多地相继发生燃气爆炸事故，燃气行业安全生产警钟再响，各地政府开展了一系列专项整治工作，如要求使用燃气的餐饮场所必须安装燃气泄漏报警装置，对存在重大隐患、不符合安全条件的餐饮场所，按照规定停止使用燃气并落实安全防范措施，一些地方则开展了"瓶装燃气改管道燃气"工程，从源头防范餐饮场所燃气安全隐患。

三、工业企业用户

工业企业用户是在生产工艺中使用燃气的工业企业。对于供应燃气后可使产品质量大大改善和产量有很大提高的工业企业应优先供应燃气。工业企业用户包括化工、钢铁、石化、非金属矿物、玻璃、食品制造、废弃材料回收、医药制造、服装与纺织、燃气发电、有色金属、机械、电子设备、陶瓷、烟草制品、造纸及纸制品、饮料制造等。工业企业使用城市燃气的费用一般比自建燃气站低，燃气费用可计入产品的耗能成本，因此，燃气售价应有别于民用和商业用户。

工业企业用户的用气量比较均匀，尤其是大工业用户，在城镇总用气量中占比较大，价格市场化程度相对较高，其稳定的用气量和所提供的利润有利于平衡城市燃气使用的不均匀性，能有效提升城市燃气项目供销气量和利润率。

　　基于工业用户生产不可间断或者生产间歇时间短的特点，燃气企业必须不间断供气以保障用户的正常生产活动。同时，工业用户用气设备配套的燃烧器对天然气压力变化较敏感，一般会给定供气压力区间，用气设备燃烧器前燃气压力不可高于压力区间上限，也不应小于压力区间下限，这就要求燃气企业输送的供气压力持续稳定，燃烧器生产厂家也会根据工艺要求在燃烧器前设置天然气稳压或减压装置。如果因施工、检修等原因需要临时调整供气量或暂停供气等影响工业用户使用燃气，燃气企业必须提前告知；如果因突发紧急事件或不可抗力中断供气，燃气企业必须及时抢修，力求不影响用户用气需求。

四、燃气汽车用户

　　燃气汽车主要以天然气为燃料。与汽油车相比，燃气汽车的一氧化碳排放量减少90%以上，碳氢化合物排放减少70%以上，氮氧化合物排放减少35%以上，是较为实用的低排放汽车。燃气汽车主要分为液化天然气（LNG）汽车和压缩天然气（CNG）汽车，主要应用于营运车辆（如出租车、重载客货车等），图8-2为改装后的燃气汽车。

图8-2　改装后的燃气汽车

五、天然气分布式能源站

天然气分布式能源是指利用天然气为燃料，通过冷热电三联供等方式实现能源的梯级利用，综合能源利用效率在70%以上，并在负荷中心就近实现能源供应的现代能源供应方式，是天然气高效利用的重要方式。与传统集中式供能方式相比，天然气分布式能源具有能效高、清洁环保、安全性好、削峰填谷、经济效益好等优点[①]，图8-3为分布式能源工艺流程。分布式能源站是指功率不大（几十千瓦到几十兆瓦）、小型模块化、分布在负荷附近的清洁环保发电设施。有别于传统集中发电、远距离传输、大电网的发电形式，分布式能源站一般直接安装在负荷所在的中高压配电网中，并和大电网实现并网，制冷、供热则直接提供给负荷区用户，可以达到很高的能量利用效率。

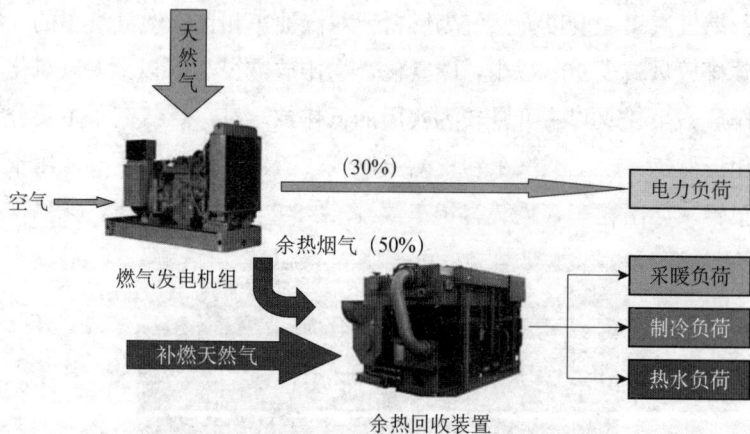

图 8-3　分布式能源工艺流程

分布式能源站的主要适用对象是电热冷供应集中的区域用户（如

[①] 《国家发展改革委　财政部　住房城乡建设部　国家能源局关于发展天然气分布式能源的指导意见》。

学校、医院、居民区、商业中心等）。小型、微型分布式能源站一般
用于居民和独立商业机构的用户；大规模的分布式能源站一般实行电
热冷三联产，解决区域用户电热冷的供应。

六、采暖和制冷用户

以燃气为能源进行冬季采暖和空调制冷。

由于采暖锅炉燃煤与使用燃气的热效率相差不大，在城市燃气气
源紧张的条件下，一般不供应建筑物采暖，只有通过技术经济论证，
确认为供应燃气后经济效益高、社会效益好，且气源充足时可考虑供
应燃气。在不具备冬季集中供暖条件的区域，可通过单独安装燃气采
暖炉的方式满足冬季采暖的需求。采暖用燃气集中于冬季，具有显著
的季节性不均匀用气的特点。

燃气空调的使用能够节约资源和减少污染，是推广建筑节能、绿
色建筑的有力举措，具有良好的经济效益和社会效益。对于夏季用电
高峰期，燃气空调则可以解决供电紧张、能源浪费、填补夏季用气低
谷等问题，有利于减少夏季用电负担，优化用气结构。长期来看，可
以改善城市的能源结构，符合绿色环保节能的趋势和要求。但燃气空
调必须在建筑规划时即介入，目前主要针对办公楼、商业楼以及独栋
别墅或联排别墅等。

燃气供应优先原则是优先满足居民生活用气，尽量满足幼儿园、
医院、学校、宾馆、食堂和科研单位等公共福利用户的用气需求，在
天然气量充足的前提下，可以发展燃气供暖和制冷。

城镇燃气不同类型用户的用气需求是不尽相同的，用气情况也是
不均匀的，随着月、日、时而不断变化。影响用气不均匀性的因素有
很多，如气候条件、居民的生活水平和习惯、生产企业设置的用气设
备及生产工艺、工作班次等。不同类型的用户，用气时间、耗气设施

用气量的规律，一般难以推算，需要经验积累和不断总结。燃气供应就是要针对这些规律，解决供气、输送、储存、调峰之间的矛盾，使用户得到安全、稳定、放心的用气服务。

随着用户需求日益丰富，对服务质量的要求也全面提升，燃气经营企业必须收集分析引导用户需求，重视用户体验，突破传统燃气服务方式，拓展综合性服务。例如，燃气经营企业掌握着大量的用气终端用户的基础信息、用能数据信息，能够利用物联网、大数据，通过营业网点、服务平台、加气场站、入户服务等渠道开展如燃气具销售、燃气保险销售、业务咨询、产品销售等延伸增值服务，这既是对传统天然气服务的拓展和补充，也符合信息化、综合性的服务发展趋势。

第三节　居民生活用户的燃气供应设施

一、燃气管道系统

城镇燃气系统的设计应经过多方案比较，择优选取技术经济合理、工艺安全可靠的方案。不同的燃气管道系统，不同的使用对象，燃气的压力级别也有所区别，户内供气压力越高，风险越大。

居民生活用户的燃气管道系统按照用户引入管的供气压力大小可分为低压引入系统和中压引入低压供气系统；按照引入管的敷设方式可分为地下引入系统、地上引入系统和室外立管引入系统。

1. 低压引入系统

庭院低压管线通过引入管进入楼内，经室内燃气管道系统将低压燃气供应至居民生活用户。引入管敷设方式为地上引入，即引入管在建筑物外墙垂直伸出地面，距室内地面一定高度的位置引入室内，还应考虑采取防冻措施。引入管末端应安装总控制阀对管道系统的供气进行控制。引入管从楼前低压管线接出，将燃气引入室内，再经过立管、用户支管输送到居民厨房中，通过燃气表、表后管及阀门，经灶具连接管连接燃气灶具，燃气灶具应为低压燃具。此外，还应设置用户表前阀门、灶前阀门和灶具控制阀门。按照《燃气工程项目规范》的规定，家庭用户管道还应设置当管道压力低于限定值或连接灶具管道的流量高于限定值时能够切断向灶具供气的安全装置，设置位置应根据安全装置的性能要求确定。随着信息化和智能化的发展，燃气管道系统还可增设物联网系统，满足燃气表具远程抄表、远程充值、远程监控、异常告警等需求。

用户引入管应采用无缝钢管，户内管道可采用低压流体输送用钢管、薄壁不锈钢管等多种管材。室内燃气管道系统的控制阀一般采用球阀。

当用户管道或液化石油气钢瓶调压器与燃具采用软管连接时，应采用专用燃具连接软管。软管的使用年限不应低于燃具的判废年限。建议用户使用不锈钢金属波纹软管。

2. 中压引入低压供气系统

庭院内的中压燃气管道敷设至楼前或直接引入楼内，经调压箱（或调压器）调至低压，再经室内燃气管道输送至居民生活用户。

3. 液化石油气的钢瓶供应系统

采用钢瓶向居民生活用户供气，有单瓶供应和双瓶供应2种方式。

（1）单瓶供应

燃具应安装在有自然通风和自然采光的厨房内，钢瓶可放在厨房内，也可置于紧邻厨房的阳台或室外，燃具和钢瓶不得安装在卧室内或无通风设备的走廊以及地下室、半地下室内，耐油胶管长度不得大于2 m。钢瓶应与燃具、采暖炉等保持1 m以上的距离。

（2）双瓶供应

一个钢瓶供气，另一个钢瓶备用，若 2 个钢瓶之间的调压器具有自动切换功能，一个钢瓶的液化石油气用完后能自动接通备用钢瓶。室外钢瓶最好置于不可燃材料制作的柜（箱）内。双瓶供应有利于方便用户，提高液化石油气利用率。

二、居民生活用燃具

居民生活用的燃气燃烧器具（以下简称燃具）主要有燃气灶（单眼灶、双眼灶、集成灶）、热水器、采暖炉等，如图 8-4 所示。

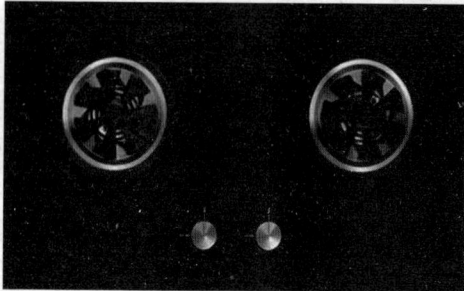

图 8-4　居民生活用的燃气灶

居民生活用燃具要注意判废年限，对于达到判废期限的燃具应及时更换。人工煤气热水器的判废年限应为 6 年，液化石油气和天然气热水器的判废年限应为 8 年，燃气灶具的判废年限应为 8 年。如生产企业有明示的燃具和配件的判废年限，应以企业产品明示为准，但是不应低于以上的规定年限。

燃气灶具应具有熄火保护装置，并满足开阀时间小于等于 10 s，闭阀时间小于等于 60 s。熄火保护装置的耐用性能为标准动作 6 000次后，气密性及开闭阀时间合格。集成灶应设置烟道防火安全装置，燃气管路应采用金属管连接。

不得使用直排式热水器，热水器必须安装烟道并伸出室外。燃气采暖炉烟道必须畅通并伸出室外。

三、燃气管道及居民用燃具对安装环境的基本要求

1. 燃气管道对安装环境的基本要求

住宅内燃气管道的运行压力应不大于 0.2 MPa。

燃气管道不得穿越卧室、易燃易爆仓库、配电间、变电室、电梯井、密闭地下室、浴室、厕所、有腐蚀介质的房间等。在设置套管等安全措施的条件下，才允许穿越暖气沟、通风道及低温烟道等。

用户燃气管道的连接必须牢固、严密，燃气立管、调压器和燃气表前、燃具前、测压点前、放散管起点等部位应设置手动快速式切断阀。

户内燃气管道一般采用明装，但随着人们对住宅环境的要求越来越高，燃气企业也开始采用暗装工艺，既符合安全要求，也兼具美观性、实用性。

2. 居民用燃具对安装环境的基本要求

居民住宅应使用低压燃具，其燃气压力应小于 0.01 MPa。燃具不能安装在卧室内或通风不良的地下室，应安装在专用厨房内，厨房高度一般不小于 2.3 m，并且通风良好、有给排气条件。燃具与墙壁、地板、家具之间应采取有效的防火隔热措施，并应设置燃气泄漏报警装置等。

3. 燃具连接软管的基本要求

燃具连接软管不应穿越墙体、门窗、顶棚和地面，长度应不大于 2 m 且不应有接头。

燃具连接多使用橡胶塑料类软管，这种软管使用寿命较短，容易出现磨损、老化、龟裂、脱落、鼠咬等现象，存在安全隐患。根据中

国城市燃气协会《2021 年度燃气事故报告》，居民户内发生的燃气事故中，事故原因占比最高的是连接软管脱落、老化或被老鼠咬坏。

图 8-5　橡胶塑料类软管

近年来，金属波纹软管的应用极大地提高了居民使用燃气的安全性。金属波纹软管具有使用寿命长、抗磨损和鼠咬、耐腐蚀、阻燃、耐温性好、弯曲性好、外形美观等优点，且螺纹式连接方式与插入式胶管连接方式相比也更加牢固，如图 8-6 所示。

图 8-6　金属波纹软管

第四节　非居民用户的燃气供应设施

一、燃气管道系统

由于非居民用户（一般也称为工商业用户）的用气地址分布较为

分散，以及满足用量、计量、管理的要求，一般一个燃气管道系统仅供应一户，管道系统的布置、燃气压力级别都与居民生活用户的管道系统有所区别。对于大型用户，还需对其管理范围内的燃气设施进行日常管理、维护和更新，如果出现较大的问题需要调整供气量甚至停气时，燃气企业还应与燃气用户沟通协调，保证燃气安全。

二、液化石油气瓶库的燃气管道系统

利用液化石油气钢瓶对非居民用户供应燃气时，因为用户的用气量大，需要建立储气瓶库，以瓶库为气源，通过管道系统将燃气输送至用气端。

三、商用燃气炉灶

非居民用户的燃气炉灶又称公用炉灶，由灶体、燃烧器和配管件组成。商用燃气炉灶按照用途可分为蒸锅灶（大锅灶）、炒菜灶（高灶）、饼炉、烤炉、西餐灶和开水炉等。根据灶体结构及材料分为砌筑型炉灶和钢结构装配型炉灶。砌筑型炉灶的灶体在施工现场砌筑而成，根据用途配置燃气燃烧器、燃烧器连接管和炉前管道。钢结构炉灶由工厂装配齐全按厨房设备出厂。

四、燃气表及燃气炉灶对安装环境的基本要求

1. 燃气表对安装环境的基本要求

燃气表应安装在专用场所内，并时刻保持通风换气，室温不低于5℃，房间照明采用防爆灯，安装位置应便于查表和维修。燃气表距烟囱、电器、燃气炉灶和热水锅炉等设备应有一定的安全距离，禁止

把燃气表安装在蒸汽锅炉房内。应保持通道畅通，确保紧急情况下抢修人员能迅速进入现场。

2. 燃气炉灶对安装环境的基本要求

蒸锅灶、蒸箱和西式灶等烟气量较大的燃气炉灶，应靠近建筑物的排烟道安装，保持室内良好的通风，保持排烟道具有良好的排烟能力。炒菜灶等油烟或蒸汽量较大的燃气炉灶应安装在具有排烟罩或抽油烟机的厨房内。开水炉的安装位置应便于把烟筒插入烟道或通向室外。蒸锅灶、蒸箱、炒菜灶和开水炉近旁应具有下水道地漏。定期对脱排油烟系统等进行清洗，避免灶火引燃油污导致事故。

由于非居民用户的用气设备用气量大、燃烧器具数量多。受安装条件的限制，人工点火和关火比较困难，因此不少爆炸事故是由用气设备点火阶段的误操作而引发。因此，为了保证用气设备的正常运转和燃气用气安全，应对非居民用户的用气设备安装熄火保护装置以及燃气泄漏报警装置。

3. 其他要求

对于设有燃气表房、计量站（柜）的大型用户，燃气表房、计量站（柜）严禁烟火，并与危险源保证安全间距，保持通风透气，并配置有效的灭火器材，无关人员不得擅自进入。

使用燃气设备的操作人员和管理人员须经过燃气设备供应商的专业培训，掌握操作技能和安全技能后方可上岗。燃气灶具、锅炉、热水炉及燃气空调等各类燃气设备必须按规定操作，操作人员必须持证上岗，且具备一定的运行知识和操作技能，熟知运行设备的性能参数及原理，能够正确进行日常的运行维护及发生事故时的应急处置。

第九章

燃气燃烧器具安全管理

第一节　燃气燃烧条件

燃烧是指可燃物质与氧气等氧化剂进行化学反应并伴随着光及热的过程。结合燃烧的定义，燃烧的基本条件归纳如下：

1）有充足的氧气和可燃物质；

2）采取一定的措施保障氧气和可燃物质进行混合；

3）达到可燃物质的着火点。

不同种类的燃料，其燃烧实现的难易程度也不相同。燃气是各种气体燃料的总称，相较于固体燃料和液体燃料，其相态与氧气一致，燃气的燃烧也就较容易实现，且其燃烧过程相对简单。

结合上述对可燃物燃烧条件的分析和燃气自身的特点，在实际应用中，采用以下措施来保障燃气燃烧的进行：

1）向燃气中提供足量氧气，并保证两者充分混合；

2）利用外部热源等手段使燃气达到其着火点；

3）采取一定的措施保证燃烧过程的持续进行，持续高温区的维持和一定的燃料停留空间的提供。

第二节　燃气燃烧器

燃烧器是进行燃料和空气混合、实现燃烧反应的最关键设备，因此了解和掌握燃烧器特性和分类意义重大。

一、燃烧器的分类

燃气燃烧应用场合的实际需求各不相同，因此常见的燃气燃烧器类别很多、其分类标准和方法也较多，若从燃烧过程及燃烧器特性等方面来看，常见的燃烧器分类标准和方法归纳如下：

1）按照一次空气系数划分（一次空气系数是指在燃烧器中预先与燃料混合的空气量与这部分燃料完全燃烧所需的理论空气量之比，常用字母 α' 来表示）。

①扩散式燃烧器：燃烧前燃料与空气完全不混合，一次空气系数 $\alpha'=0$。

②大气式燃烧器：燃烧前燃料与部分空气预先混合，一次空气系数 $\alpha'=0.2\sim0.8$。

③完全预混式燃烧器：燃烧前燃料与空气完全预先混合，一次空气系数 $\alpha'\geqslant1$。

2）按照空气进入燃烧器方式（空气供应方式）划分。

①引射式燃烧器：通常由燃料的射流作用将空气带入燃烧器；也可由空气的射流作用将燃料带入燃烧器。

②鼓风式燃烧器：通过鼓风设备将空气输送到燃烧器。

③自然引风式燃烧器：通过燃烧器炉膛中的负压将空气送到燃烧器。

3）按照燃气压力划分。

①低压燃烧器：燃气压力 $P<5\ 000\ \mathrm{Pa}$。

②中高压燃烧器：燃气压力 $5\ 000\ \mathrm{Pa}\leqslant P\leqslant 3\times 10^5\ \mathrm{Pa}$。

下面将着重介绍按照一次空气系数和空气供应方式来划分的各类燃烧器的特性：

1）扩散式燃烧器。由于燃烧前燃料与空气完全不混合，所以燃烧所需要的空气在燃烧过程中供给。根据空气供给方式的不同，扩散式燃烧器又可分为自然引风式和强制鼓风式两种。

自然引风式扩散燃烧器依靠大气的自然抽力向燃烧器中提供空气，多用于温度不高、火焰稳定性好的场合。最简单的自然引风式扩散燃烧器为直管式，即在一根钢管上钻上一定数量的火孔，燃气进入直管后经过火孔散出与周围的氧气结合而燃烧，如图 9-1 所示。

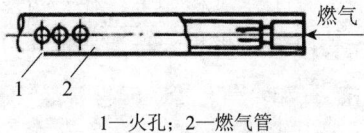

1—火孔；2—燃气管

图 9-1 直管式扩散燃烧器

根据实际使用需要，除直管式扩散燃烧器以外，自然引风式扩散燃烧器可以做成多种其他形式的。

强制鼓风式扩散燃烧器的燃料在燃烧过程中所需的全部空气由鼓风机提供，在燃烧前燃料与空气不进行任何预混合，因此其燃烧过程不是预混燃烧而是扩散燃烧；燃料与空气的混合情况决定了鼓风燃烧器的燃烧状况，因此常采取各种措施提升燃料与空气的混合质量，如将燃料分成细小流束射入空气中或采用空气旋流等。根据燃料与空气混合过程中所采取的措施和工艺对火焰的要求，鼓风式燃烧器分为旋流式、平流式、套管式等样式。

相对自然引风扩散式燃烧器而言，鼓风式扩散式燃烧器燃烧热强度大，热负荷调节范围大，适用于工业高温炉。

2）大气式燃烧器。大气式燃烧器是根据燃料与空气燃烧前部分预混原理设计而成，大气式燃烧器主要由引射器及头部 2 部分组成，如图 9-2 所示。

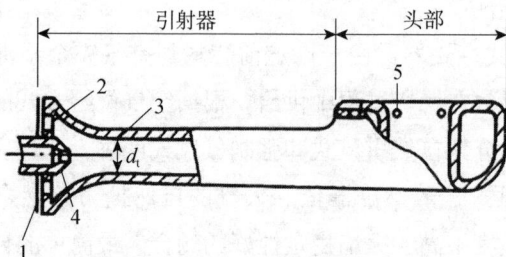

1—调风板；2——一次空气口；3—引射器喉部；4—喷嘴；5—火孔。

图 9-2　大气式燃烧器结构

大气式燃烧器的大致工作过程如下：在一定压力下，燃气从喷嘴流出，进入吸气收缩管段，燃气靠本身的能量通过一次空气口吸入空气，然后在引射器内燃气和空气混合，混合气经头部火孔流出而燃烧。大气式燃烧器的一次空气系数 α' 通常为 0.45~0.75。

大气式燃烧器通常由燃气引射一次空气，大气式燃烧器的主要构件为引射器和头部。

①引射器。

引射器的作用：以高能量的气体引射低能量的气体，并使两者混合均匀，在大气燃烧器中通常是以燃气从大气中引射空气；在引射器末端形成所需的剩余压力，以克服气流在燃烧器头部的阻力损失，使燃气与空气的混合物在火孔出口获得一定的速度，以满足燃烧器稳定工作的需求；输送一定的燃气量，以保证燃烧器所需的热负荷。

引射器结构如图 9-3 所示。引射器内燃气与空气的混合过程：在一定压力下，燃气从喷嘴流出，进入吸气收缩管中，靠本身能量吸入一次空气；在引射器的混合管内，燃气和一次空气混合，若燃气压力不足，可利用压缩空气引射燃气的方式来完成燃烧前的预混合；在扩压管段，燃气与空气混合气的动压变为静压，燃气与空气进一步混合均匀。

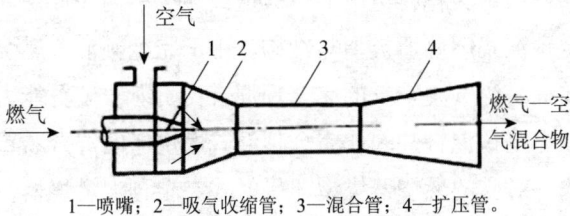

1—喷嘴；2—吸气收缩管；3—混合管；4—扩压管。

图 9-3　引射器结构

②燃烧器头部。

燃烧器头部的作用是将燃气和空气的混合物均匀分布到各火孔上，以进行稳定完全的燃烧。因此，头部各点的混合气体压力须相等，以保证空气能均匀地分布到每个火孔上。

头部容积不宜过大，以免造成燃烧器熄火时噪声过大。根据用途不同，大气式燃烧器头部可分为多火孔头部和单火孔头部 2 种，民用燃烧器大多数使用多火孔头部。

3）完全预混式燃烧器。

①完全预混式燃烧器的工作原理。按完全预混燃烧方法来设计的燃烧器即完全预混式燃烧器。它是在部分预混燃烧器的基础上发展起来的。在燃烧前，使燃气与其燃烧所需的足量空气充分混合，再经燃烧器火孔喷出进行燃烧。由于燃气与空气预先完全混合均匀，所以完全预混式燃烧能在较小的过剩空气系数下（过剩空气系数是指实际供给燃料燃烧的空气量与理论空气量之比，通常取用 α 表示）实现完全燃烧，燃烧温度很高。

完全预混式燃烧器由混合装置和头部组成。混合装置的作用是实现燃气与空气预混合。燃烧器头部的作用是实现混合物加热、着火和燃烧，常见形式有：无火道头部结构，主要由喷头组成。当燃气空气混合物脱离燃烧器喷头后，在炉膛内耐火材料表面上燃烧；有火道头部结构，其头部由喷头和火道组成。而燃气和空气混合气的加热、着火和燃烧均在由耐火材料组成的单火道或多火道内完成。

②完全预混式燃烧器类型与结构。由于完全预混式燃烧器正常工作的重要前提是燃气与空气的完全预混合；引射器装置能大大促进燃气与空气的完全预混合，因此完全预混式燃烧器的混合装置多采用引射器式结构，对应的燃烧器类型即引射式完全预混燃烧器，下面以引射式单火道完全预混式燃烧器为例来说明其结构和工作过程。

引射式单火道完全预混式燃烧器由引射器、喷头和单火道组成，如图9-4所示。

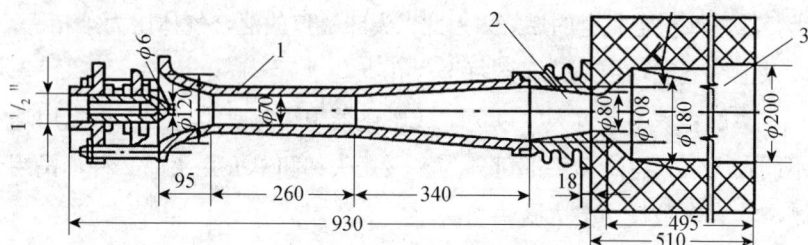

1—引射器；2—喷头；3—单火道。

图9-4　引射式单火道完全预混式燃烧器

燃气由喷嘴喷出，依靠自身能量吸入燃烧所需的全部空气，同时在引射器内混合。混合均匀的燃气与空气的混合气经喷头喷入单火道，在炽热的火道壁面上，并在高温回流烟气的稳焰作用下进行燃烧。

喷头是保证燃烧器稳定工作、防回火的重要部件，通常做成渐缩状，以使喷口处混合气体的速度场分布均匀。常见的喷头剖面结构如图9-5所示。

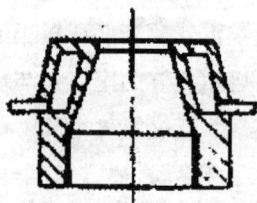

图9-5　喷头

对于有火道的完全预混式燃烧器而言，混合气的加热、着火和燃烧均在火道内进行。火道的主要作用：混合气进入火道时，截面积突然扩大，由此在火道入口处形成了高温烟气回流区，而回流烟气能有效加热混合气，同时起到稳定点火源的作用；由于火道通常由耐火材料制成，这样火道内形成了近似绝热的燃烧室，大大提高了进入火道的混合气的燃烧速度，从而保证了较高的燃烧热强度和燃烧温度。

因此，火道是完全预混式燃烧器保证其燃烧稳定、防止脱火的重要部件。

③完全预混式燃烧器的特点及应用范围。

安全预混式燃烧器的优点：燃烧完全，且化学不完全燃烧损失很小；过量空气系数较小（$\alpha = 1.05 \sim 1.1$），因此直接加热物品时，不会引起被加热对象的过分氧化；燃烧温度高，可满足某些高温工艺的要求；燃烧热强度大，因而可缩小燃烧室容积。

安全预混式燃烧器的缺点：为保证燃烧稳定，通常要求燃气热值及密度稳定；另外燃烧调节范围较小，发生回火的可能性大，而为防止回火需要配置结构较复杂、笨重的头部；热负荷大的燃烧器，需配置大型的引射器，因此其结构笨重，为克服这个问题需限定每个燃烧器的热负荷不超过 2.3×10^3 kW；噪声大。

完全预混式燃烧器主要应用于工业加热装置。

第三节　常用燃气器具

从用途来看，常用燃气器具分为家用燃气器具和商用燃气器具。家用燃气器具主要包括家用燃气灶具、家用壁挂炉、燃气热水器、其他家用燃气燃烧器具，下文以家用燃气灶具为例进行说明；商用燃气器具主要包括炒菜灶、大锅灶。

一、家用燃气灶具

家用燃气灶具是指以燃气（液化石油气、人工燃气、天然气）作为燃料进行加热的厨房用具，包括燃气灶、燃气烤箱、燃气烘烤器、燃气烤箱灶、燃气烘烤灶、燃气饭锅、气电两用灶具。

根据现行国家标准《家用燃气灶具》（GB 16410）的规定，家用燃气灶的型号编制规则如下：

灶具类型代号	燃气类别代号	企业自编号

1. 灶具类型代号

依据燃气灶具功能不同，以大写汉语拼音字母表示：JZ 表示灶；JKZ 表示烤箱灶；JHZ 表示烘烤灶；JH 表示烘烤器；JK 表示烤箱；JF 表示饭锅。

气电两用灶具类型代号由灶具类型代号及带电加热功能的代号组成，用大写汉语拼音字母表示：

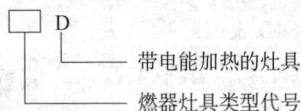

□ D
└── 带电能加热的灶具
└── 燃器灶具类型代号

2. 燃气类别代号

燃气类别代号中，Y 代表液化石油气，T 代表天然气，R 代表人工燃气。

3. 企业自编号

企业自编号可采用产品特征号或设计号，通常用汉语拼音字母和阿拉伯数字组合的方式。

4. 家用燃气灶具分类

常见的家用燃气灶分类方式有以下 6 种：

（1）按气源分类

我们使用的燃气主要有天然气、人工燃气和液化石油气，而燃气灶必须与燃气类别匹配。因此燃气灶用字母注明了所适用的燃气种类：天然气（T）、人工燃气（R）、液化石油气（Y）。

（2）按面板材质分类

按燃气灶面板的材质分类，燃气灶主要有不锈钢灶、钢化玻璃灶、陶瓷灶等。

不锈钢面板燃气灶的优点是坚固耐用，缺点是难清洗，且用硬物刷洗时容易破坏表面光洁度。

钢化玻璃面板燃气灶的优点是美观、耐腐蚀、耐磨，但玻璃面板使用时可能存在爆裂的危险，应有防爆保护措施。

陶瓷面板是经过高温烧结而成，本身就不怕高温，所以不会发生变色、炸板；但陶瓷面板长时间使用也存在开裂的可能性，因此生产加工时对其耐高温和抗击打性能要求较高。

（3）按灶眼数量分类

按灶眼数量分类，燃气灶分为单眼灶、双眼灶、三眼灶和四眼灶等。

（4）按点火方式分类

在燃气灶炉盘灶头中间有两个细柱状的凸起，一个为燃气灶的点火装置，另一个尖针状的凸起是燃气灶的熄火保护装置。常见燃气灶的点火方式为电子脉冲点火，除此之外还有压电陶瓷点火。

一般燃气灶采用电子脉冲方式点火，将旋钮扭到某个位置就完成了点火，操作非常简单方便。其工作原理：按下旋钮，使与旋钮联动的脉冲开关连通，然后由高压元件通电产生高压电，再由高压线将高压电传给点火针，产生连续放电点火，与此同时随着旋钮转动，主燃烧器的喷嘴打开，燃气流出被点燃。使用此种方式的点火装置要定期更换点火电池。

压电陶瓷点火器主要的构件：压电陶瓷元件、点火锤、簧、点火针、高压线、拔插片、点火喷嘴、接地放电端子及旋转开关。其工作原理：按下旋钮，使与旋钮相连的拔插片凸出端与点火锤凸端顶住，随着旋转轴的转动，拔插片带动点火锤后移和弹簧收缩。当旋转轴转动时，点火燃气通道被打开，燃气流向点火喷嘴，与此同时拔插片将点火锤移至极限位置，拔插片与点火锤凸端分开，弹簧复位，点火锤撞击压电陶瓷产生高压电。在电极处产生电火花点火，点燃点火器喷出的燃气，点火器射出火焰再点燃主火燃烧器。

压电陶瓷点火器的优点是寿命长，无须外界电源；缺点是一次点火只产生一个火花。

（5）按安装方式分类

燃气灶按安装方式可分为嵌入式燃气灶具、台式燃气灶具及整体灶等。

嵌入式燃气灶具是将其主体嵌入橱柜台面下，外形美观时尚，但安装较麻烦（图9-6）；台式燃气灶（图9-7）是将整个灶体放在台面上，经济适用，价格较低，安装方便。

图9-6 嵌入式燃气灶具

图 9-7　台式燃气灶具

整体灶是配置有烤箱或消毒柜的燃气灶（图 9-8），形成一个整体，功能性强。

图 9-8　整体灶

（6）按进风方式分类

按进风方式分类一般分为下进风式燃气灶、上进风式燃气灶和全进风式燃气灶 3 种。

下进风式燃气灶通过灶具下方的空间进气，这样的进风方式火力大、热负荷高，适用于猛火爆炒的烹饪场合；但若灶具下方空气不足，容易造成燃烧不充分，产生一氧化碳，危害人体健康，所以使用时一定要保持灶台下方进风的通畅。

上进风式燃气灶无须在橱柜上开孔，易于安装，但这种类型的燃气灶热负荷通常不大，且热效率较低，使用时有黄焰及一氧化碳含量偏高的问题，而且一般安装后这种灶具的炉头较高，这样大大降低了灶具的美观，但能减少玻璃面板爆裂的次数。

全进风式燃气灶在灶具底盘、炉头等各处都设置了进风口，保证了燃烧所需的空气量，热负荷高、火力猛。其主要工作特点有以下几点：

1）由于全进风热量易于散出，相较于非全进风式灶具，其灶具内部的温度大大降低，这样就有效降低了玻璃面板爆裂发生的概率。

2）通常这种灶具在其面板相对低温区安了一个进风器，灶具使用时由于壳体内空气的消耗就会形成一个负压区，冷空气就会顺着进风器的入口而进入壳体，这样不但提供了充足的一次空气和燃烧时所需的二次空气，解决了黄焰问题、降低了一氧化碳浓度，同时还能及时排出泄漏的燃气，因此在使用灶具时即使燃气泄漏而造成点火爆燃，气流也可以从进风器尽快地排出去。

5. 家用燃气灶具的结构

燃气灶主要由供气部分、燃烧系统、辅助系统、点火系统、安全自动控制系统组成。下面以嵌入式燃气灶为例来说明，图9-9和图9-10分别为嵌入式燃气灶的正面俯视和侧面俯视。

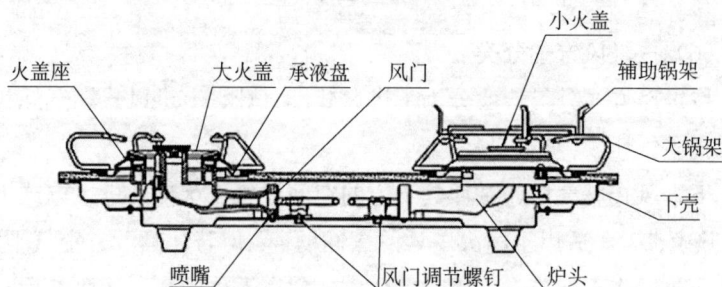

图 9-9　嵌入式燃气灶正面俯视

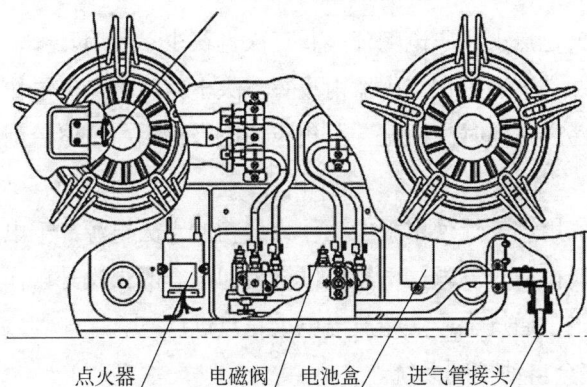

点火器　电磁阀　电池盒　进气管接头

图 9-10　嵌入式燃气灶侧面俯视

1）供气部分。

供气部分主要包括供气管路（含主管及支管）、灶具开关。灶具工作时，由供气管路将燃气输送至左右两侧的燃烧器，灶具开关则控制着燃气进入喷嘴通道的开和闭。对供气部分的要求：可靠耐用，密封性能好，开关灵活。

2）燃烧系统。

燃烧系统是家用燃气灶的主要部分之一，燃烧系统能保证燃气稳定、安全高效的燃烧。燃烧器是燃烧系统最重要的部件之一，目前大多数家用燃气灶采用大气式燃烧器，喷嘴是燃烧器的重要部件，它为燃烧器提供足量的燃气量，以保证燃烧器所需的热负荷；风门调节板用来调节一次空气的进量，确保正常燃烧。

3）辅助系统。

辅助系统主要包括灶具的框架、灶面、锅支架、灶脚、灶面装饰板、铭牌等。为了确保灶具的正常使用，辅助系统的结构要有一定的强度，加工方便，灶面要美观大方。

4）点火系统。

点火系统包括点火器和点火燃烧器。现采用的点火方式主要是连续脉冲电火花点火，压电陶瓷火花点火也在少量使用。

电脉冲点火通过在点火器内设置点火电路，将交流电作为点火电源，经振荡产生瞬时高电压，给相应的电极输入高压电后则不断放出电火花。

通常家用燃气灶使用干电池作为最初的点火电源，干电池产生的直流电经转换成交流电，再经电磁绕组和电容的二次升压作用，最终输出高压电，通过电极尖端放出电火花点燃燃气。

5）安全自动控制系统。

安全自动控制系统的作用是当灶具由于故障、使用条件的变化或错误操作而产生（如燃气泄漏等）一系列危险时，能迅速感知危险并通过自动启动若干操作来解除，防止发生事故。

按功能来分，安全自动控制系统可分为熄火保护装置、自动温控装置、回火熄火保护装置、过电流保护装置、气压过载调压保护装置、低气压切断保护装置、防震切断保护装置、过热保护装置等。

安全自动控制装置在家用燃气灶上的广泛应用，可以提高燃气器具的安全系数，有效防止事故的发生。下面以熄火保护装置为例来说明。

按照相关国家和行业标准，熄火保护装置是家用燃气灶必须安装的安全装置，常见的类型为热电偶电磁阀式熄火保护装置。热电偶电磁阀式熄火保护装置的基本工作原理是利用两种金属（制成热电偶）在相同温度下，产生一定的热电动势，从而形成电流，然后在相应的绕组中产生磁引力，控制相应电磁阀的开关，而此电磁阀又安装在燃气供气管路上，因此可以通过热电偶感知有无燃气火焰来控制燃气管路的开关。

二、商用燃气器具

本书中以炒菜灶为例进行说明。

炒菜灶又称中餐燃气炒菜灶，适用于爆、炒、煎、炸、煮等各种烹饪工作，火焰集中、大小容易调节，使用范围广。

炒菜灶燃烧器的燃烧方式主要为引射式燃烧或鼓风式燃烧。中餐炒菜时一般采取引射式燃烧方式，遇到加热迅速、火力集中的场合，则多用鼓风式燃烧方式。

炒菜灶按灶体的构成材料分为砖砌型燃气炒菜灶和不锈钢型燃气炒菜灶 2 种。

1. 砖砌型燃气炒菜灶

砖砌型燃气炒菜灶多用于早期建成的食堂，以砖石为主要材料建成、同时在其外部加装燃气管道及阀门，其优点是结构简单，成本低，维修方便。

砖砌型燃气炒菜灶一般以焦炉煤气为气源，燃烧器为引射式，多采用立管式燃烧器；点燃方式多采用直接引燃方式，通过炉灶开关调节火焰大小。其缺点是关火时噪声大、外形不美观、清洁不方便等。目前在大城市中已很少使用。

2. 不锈钢型燃气炒菜灶

不锈钢型燃气炒菜灶是目前使用广泛的一种商业燃气设备，其灶面采用不锈钢板，框架使用角钢，支承锅用炮台，燃烧器由铸铁等材料构成。

按其火眼数量可分为单眼炒菜灶、双眼炒菜灶、三眼炒菜灶及多眼炒菜灶等。

炒菜灶的型号编制规则如下：

| 代号 | 燃气种类 | 火眼数 | — | 主火额定热负荷/总额定热负荷 |

具体型号编制如下例所示：

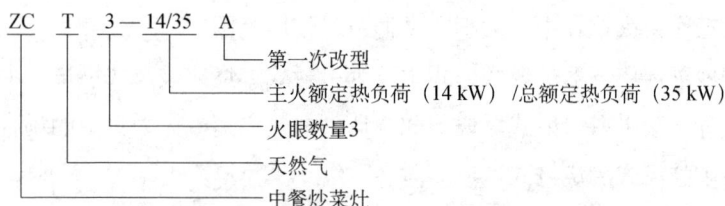

```
ZC  T  3 — 14/35  A
                  ├── 第一次改型
                  ├── 主火额定热负荷（14 kW）/总额定热负荷（35 kW）
                  ├── 火眼数量3
                  ├── 天然气
                  └── 中餐炒菜灶
```

中餐烹饪时使用双眼炒菜灶较多，其主要部件有燃烧器、燃气阀门、锅支架、水嘴（俗称水咀）、长明火、点火棒等。

（1）燃烧器

不锈钢中餐燃气炒菜灶的燃烧器多为引射式燃烧器和鼓风式燃烧器2种。

1）引射式燃烧器。

引射式燃烧器主要由喷嘴、引射器、头部、火盖组成。其工作原理：燃气在一定压力下从喷嘴流出，依靠自身能量引入一部分空气后混合形成混合气，混合气从燃烧器头部火孔流出后燃烧。其特点是能稳定燃烧，且不出现回火、脱火、黄焰等现象。使用时先打开灶台面板上燃气阀门，然后通过长明火或点火棒引燃燃烧器。

2）鼓风式燃烧器。

鼓风式燃烧器由喷嘴、鼓风头、风盒、长明火、调风阀、鼓风机等组成。燃烧器工作时由鼓风机向燃烧器中供给空气，当燃气与空气混合较好时，燃气燃烧效率高、火焰稳定性好。其缺点是需配有鼓风机，耗电高，使用噪声较大。使用时，首先点燃长明火、打开鼓风机，开启灶台面板上的燃气阀门，然后调整调风阀的开度，将火焰调到正常燃烧状态。

（2）燃气阀门

燃气阀门应采用铜制或不锈钢制成的燃气专用密封阀门，公称直径一般为 DN20 或 DN15。

第四节　配套燃气设施

燃气系统中，配套燃气设施主要由不锈钢波纹软管、自闭阀、燃气泄漏报警器等组成。

一、不锈钢波纹软管

根据现行国家标准《燃气用具连接用不锈钢波纹软管》（GB/T 41317）的规定，两端设有与燃气燃烧器具或燃气设备及管道连接的螺纹接头，有固定长度的、带有被覆层的不锈钢波纹软管为燃气用具连接用不锈钢波纹软管，如图 9-11 所示。

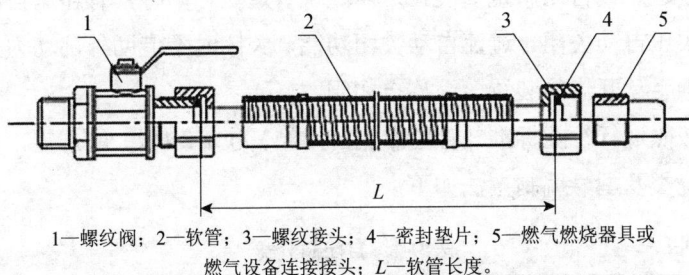

1—螺纹阀；2—软管；3—螺纹接头；4—密封垫片；5—燃气燃烧器具或
燃气设备连接接头；L—软管长度。

图 9-11　燃气用具连接用不锈钢波纹软管

根据现行国家标准《燃气用具连接用不锈钢波纹软管》（GB/T 41317）的规定，软管按公称尺寸分为 DN10、DN15、DN20、DN25、DN32。燃气灶具连接用软管长度尺寸宜为 500 mm、800 mm、1 000 mm、1 500 mm、2 000 mm；燃气表和燃气热水器连接用软管长度尺寸宜为 200 mm、300 mm、500 mm、800 mm。

根据现行国家标准《燃气用具连接用不锈钢波纹软管》（GB/T

41317）的规定，燃气用具连接用不锈钢波纹软管型号编制规则如下：

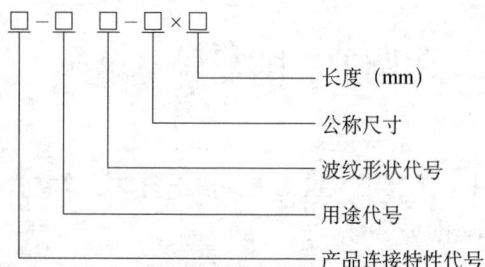

□-□ □-□×□

```
                    长度（mm）
                    公称尺寸
                    波纹形状代号
                    用途代号
                    产品连接特性代号
```

示例：根据上述型号编制规格，公称尺寸为 DN32，长度为 800 mm 的螺旋形波纹燃气灶具连接用普通型软管，型号标记为 RLB-ZL-32×800。

二、自闭阀

管道燃气自闭阀是安装在户内燃气管道上，同时具有超压自动关闭、欠压自动关闭、过流自动关闭功能，关闭时不借助外部动力，关闭后须手动开启的装置，简称自闭阀。

按照现行行业标准《管道燃气自闭阀》（CJ/T 447）的规定，自闭阀的分类及型号编制方法如下：

表 9-1 自闭阀分类

分类方式	类型名称	代号	说明
适用气种	人工煤气自闭阀	R	额定进口压力为 1 000 Pa
	天然气自闭阀	T	额定进口压力为 2 000 Pa
	液化石油气自闭阀	Y	额定进口压力为 2 800 Pa
安装位置	表前自闭阀	B	安装于燃气计量表前
	灶具前自闭阀	Z	安装于燃气计量表后燃气燃烧器具前
公称尺寸	胶管接头自闭阀	9.5	9.5 mm 胶管接头
		13	13 mm 胶管接头

续表

分类方式	类型名称	代号	说明
公称尺寸	其他接头自闭阀	X	X 为接头公称尺寸值，取 8、10、12、15、20、25、32、40、50

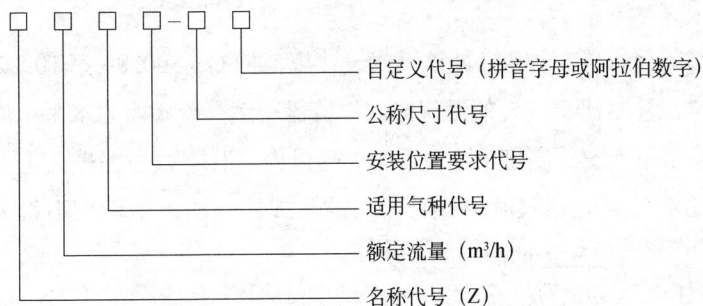

自定义代号（拼音字母或阿拉伯数字）

公称尺寸代号

安装位置要求代号

适用气种代号

额定流量（m³/h）

名称代号（Z）

示例：额定流量为 1.6 m³/h，适用气种为天然气，安装于灶前，进气口公称尺寸为 DN25，出气口公称尺寸为 11.5 mm 胶管接头的管道燃气自闭阀型号表示为 Z1.6TZ-25/11.5。

三、燃气泄漏报警器

燃气易燃易爆，泄漏后危险较大，因此使用燃气前必须具备防止燃气泄漏的安全措施。燃气泄漏报警器是非常重要的燃气安全设备，是安全使用燃气的最后一道保护。现行国家标准《城镇燃气设计规范》（GB 50028）第 10.4.3 条规定：住宅厨房内宜设置排气装置和燃气浓度检测报警器。

家用燃气泄漏报警器一般安放在厨房，其核心是探测器，当探测器检测到燃气浓度达到报警设定值时，便会输出信号给燃气报警器，燃气报警器发出声光报警并可显示燃气浓度或启动外部联动设备（如排风扇、电磁阀）。

当可燃气体浓度低于爆炸下限时（可燃气体不足）或高于爆炸上限（氧气不足）时都不会发生爆炸。不同的可燃气体的爆炸下限和爆炸上限各不相同。根据相关规范，现有燃气报警系统的设计中均设定可燃气体的体积分数在爆炸下限的 20%～25%（或以下）和 50%时发出警报。

按照现行国家标准《城镇燃气设计规范》（GB 50028）第 10.8.2 条的规定，检测比空气轻的燃气时，报警器与燃具或阀门的水平距离不得大于 8 m，安装高度应距顶棚 0.3 m 以内，且不得设在燃具上方。检测比空气重的燃气时，报警器与燃具或阀门的水平距离不得大于 4 m，安装高度应距地面 0.3 m 以内。

第五节　燃气器具安全使用知识

燃气属于易燃易爆的物品，危险性高，一旦发生燃气爆燃、爆炸事故将会造成严重的人身伤亡和财产损失，因此需要做好燃气器具安全使用工作，常见注意事项有以下几点：

1）选购燃气器具时一定要选择符合国家标准的燃气器具，切勿贪图便宜选择劣质产品；燃气器具安装一定要委托专业人员完成。

2）室内使用燃气时，一定要有人看管并保持通风、防止汤水外溢、风力等因素熄灭火焰而引起燃气泄漏；使用燃气器具时若有异常现象影响燃气器具发挥作用，一定要及时切断气源，并立即请专业人员处理问题，切勿私自处理问题。

3）燃气器具使用结束后应立即关闭灶具和管道阀门，防止燃气泄漏。

4）要经常检查燃气管道、灶具和管道的连接处，可采取用刷子蘸肥皂水涂抹等方式检查以上部位是否有燃气泄漏点，若有泄漏点立即联系专业人员进行处理。

5）用户不得私自更改燃气管道走向、不得拆除燃气设备、不得在燃气设备周围放置易燃物品、不得在燃气管道上挂载物品。

6）注意燃气器具及附属设施的使用年限：燃气灶的使用年限一般为 8 年，到达使用期限的燃气灶应及时更换；胶管应 18 个月更换一次，防止因出现龟裂、老化而造成燃气泄漏。

除了以上注意事项，遇到燃气器具使用相关的紧急情况如燃气泄漏、燃气着火等情况时，要冷静、果断处理，具体处理方式如下：

（1）燃气泄漏处理措施

1）发现室内有燃气等异味时，应立即将灶具阀及灶前阀关闭，并打开门窗通风换气；以上过程的动作一定要轻缓，以免摩擦产生火花从而引发爆炸。

2）燃气泄漏时，千万不要使用明火，也不要去开关任何电器、不按门铃、不打电话以免产生电火花。

3）若室内燃气异味较明显，应立即撤离，以防窒息和中毒。

4）在条件允许的情况下，管道燃气用户可用胶带等将漏气部位缠紧、同时关闭燃气管道上电磁阀等关键的截止阀门，然后联系专业人员进行处理后续问题；气瓶用户当阀门失灵时，应先用湿毛巾等将漏气处堵住，再将气瓶转移到室外空旷处，立即联系专业人员泄掉余气。以上过程中杜绝一切火源。

（2）家中燃气着火时应急措施

1）断气灭火：火势较小时，可以迅速关闭燃气的入户总阀门，切断气源。

2）干粉灭火：当火势较大无法关闭阀门时，用干粉灭火器喷射火焰的根部，火灭后迅速关闭入户总阀门，并立即拨打燃气公司的抢修电话。

3）报警：当火势较大无法控制时，迅速拨打火警电话（注意：不要在充满燃气的房间内拨打求助电话，也不要打开油烟机或排风扇，以免擦出火花，引发火灾爆炸）。

4）湿被扑压：液化气罐着火时，迅速用浸湿的被褥、衣服等扑压，并立即关闭阀门。

第十章

天然气加气站

在清洁燃料中，天然气以其应用技术成熟、安全可靠、经济可行的特点，被许多国家和专家视为目前最适宜的汽车替代燃料。

首先，天然气作为汽车燃料可以减少大气污染、改善环境。汽车使用天然气作为动力燃料，与汽油相比，其尾气排放中一氧化碳减少97%，碳氢化合物减少72%，氮氧化物减少30%，二氧化硫减少90%，苯、铅粉尘减少100%，噪声降低40%。

其次，天然气汽车产业对国家能源结构的调整起到支持作用。发展天然气汽车产业既是保护环境的需要，也是调整国家能源结构、缓解石油成品不足的重要战略措施。虽然我国石油产量有所增长，但远满足不了国民经济发展的需求。我国在天然气的勘探和开采方面有很大进展，已基本形成四川、陕甘宁、青海和新疆4个大气田。这些都为天然气汽车的发展提供了充足的资源保证。

最后，汽车使用天然气作为燃料，可以节约燃油，节省燃料费用、降低维修费用，提高经济效益。

天然气的车载存储方式通常有两种：一种是将天然气储存在汽车携带的高压储气瓶里，压力约为20 MPa，即压缩天然气（CNG）；另一种是在低于−161.5℃的超低温下以液态储存于绝热性能良好的容器中，即液化天然气（LNG）。LNG 体积约为同量 CNG 体积的 1/625，质量仅为同体积水的 45%左右，其储存效率为同体积 CNG 的 2.5 倍，这使 LNG 汽车的续航能力更强，更加适合重型卡车和长途客车。相比之下，CNG 汽车则适合小型家用汽车、公交车和小型货运汽车等。

第一节　天然气门站

天然气经过长距离输气管线，首先进入天然气门站。天然气门站作为连接上下游气源的重要节点，是长距离输气管线的终点配气站，也是城镇、工业区分配管网的气源站，具有气源接收、净化、计量、调压、加臭等功能。天然气门站接收长输管线输送来的天然气，经过过滤、计量、调压、加臭的工艺流程，将天然气压力调至城市管网或用户所需压力后送至城镇或工业区的管网。

根据燃气压力的大小和用户所需压力的要求，在天然气门站进行一级调压或二级调压。由燃气高压管线来的天然气一部分经过一级调压进入高压球罐；另一部分经过二级调压进入城镇管网。在用气高峰时，高压球罐和经过一级调压后的高压管线输送的天然气汇合经过二级调压送至城镇管网。

天然气门站的安全平稳运行不仅关系到长输管线的安全运行，而且关系到社会经济安全稳定。为了保证天然气门站的连续安全平稳供气，必须做好门站的安全管理，持续开展日常巡查工作。

一、天然气门站的平面布置

天然气门站的平面布置一般分为生产区、辅助生产区、办公区和生活区 4 个部分。生产区的主要功能是过滤、计量、调压、加臭等，可划分为输配工艺区、加臭工艺区、生产排污区和放空区。生产区应设置环形消防通道，消防通道宽度应不小于 3.5 m。辅助生产区主要设置变配电房、仪表间、储油间、仓库、消防泵房、消防水池等。办公区通常设有值班室、会议室、门卫室等。生活区一般配备休息室、厨房、厕所等。

二、天然气门站的主要设备

1. 生产设施

生产设施包括过滤器、清管器收发装置、流量计、加臭设施、调压器、监控系统等。

（1）过滤器

如图 10-1 所示，过滤器用来过滤上游来气中的杂质，以保护阀门及设备的正常使用，减少设备维护费用。天然气过滤器的选择应依据燃气管道压力、最大进口压力、管径、燃气介质、工作温度及过滤精度等参数要求。

图 10-1　过滤器

（2）清管器收发装置

清管器收发装置是管道清管系统的重要组成部分，当高压管道内杂质较多，影响其输气能力需要进行清管时，启动门站内清管器发送装置,将清管器发送至高压管道。

（3）流量计

如图 10-2 所示,用流量计来核对上游供气量,流量计的选择应尽量与分输站流量计形式相同。

图 10-2　流量计

（4）加臭设施

如图 10-3 所示,通过加臭设施向天然气管道中加入一定量的臭味剂,在出现天然气泄漏时,使人能够察觉到。

图 10-3　加臭设施

（5）调压器

天然气门站一般流量较大,且出口压力需稳定,对调压器的承压等级要求较高,宜选择指挥器式调压器,如图 10-4 所示。

（6）监控系统

天然气门站作为独立的场站,应设置自动控制系统和可燃气体泄漏检测系统,并向调度中心进行数据传输。

图 10-4　指挥器式调压器

2. 生产辅助设施

生产辅助设施包括变、配电及发电机房、通讯仪表控制用房、调压计量装置区厂房、门卫等建筑物及给排水、消防、放散等设施。

三、天然气门站的日常巡查

天然气门站巡查的内容主要有燃气管线、阀门、主要设备设施、运行参数等，可分为工艺区巡查、基础设施巡查、主要设备巡查、紧急情况处理等。

1. 工艺区巡查

检查燃气管线各连接处是否有泄漏，阀门运行状态是否正常，主要设备是否正常运行，各运行参数是否正常等。

2. 基础设施巡查

门站内的房屋、围墙有无沉降、开裂、倾斜等，门站内地坪有无开裂、沉降、积水，门站防雷、防静电设施运行是否正常，有无故障等。

3. 主要设备巡查

（1）过滤分离器

过滤分离器应检查外观是否清洁、是否有锈蚀等情况，过滤器差压计读数是否在规定的正常范围内，各连接口是否有泄漏等。

（2）计量装置

计量装置应检查外观是否清洁、是否有锈蚀等情况，查看核对仪表数据是否与监控系统一致，各连接口是否有泄漏等。

（3）调压器

调压器应检查外观是否清洁、是否有锈蚀等情况，各连接口是否泄漏，读取下游压力数值，检查下游压力是否在规定范围内等。

（4）切断阀

切断阀应检查外观有无锈蚀，安全切断阀是否起跳，设备各连接处部件是否处于正常状态等。

（5）加臭装置

加臭装置应检查各连接处是否泄漏，储液罐存量是否在规定范围内，控制系统是否正常运行，加臭泵是否正常运转等。

天然气门站如发现异常情况必须及时进行处置，以确保门站运行安全。如遇天然气严重泄漏情况，应立即关闭泄漏点前后阀门、关闭电源，同时进行放散，并立即上报，处置过程中做好监护工作，处置完成后，做好各项记录；如遇压力异常变化，应立即上报相关部门，严格执行调度指令进行应急处置。

第二节　LNG 储备站

液化天然气（Liquefied Natural Gas，LNG），由气田生产的天然气经过净化处理，再经超低温（-162℃）加压液化形成。LNG 体积约为气态的 1/600，无色、无味、无毒且无腐蚀性，是非常清洁的能源。LNG 储备站是用来接收超低温保冷槽车远距离输送来的 LNG，并将其储存和再汽化后分配给用户。一般天然气企业会配套建设具有一定储备能力的 LNG 储罐，以备上游气源不足时，将 LNG 进行汽化，输送至城市燃气管网，以保证能源的安全稳定供应。

一、LNG 储备站的主要设备

1. 卸车增压器

卸车增压器（图 10-5）的主要功能是让低温的 LNG 通过低温管道

与空气进行对流换热，从而达到为 LNG 槽车及贮槽增压的效果。由于 LNG 槽车自身不带增压系统，所以卸车过程中需要将车内 LNG 汽化后返回槽车内，实现自增压，也就是卸车增压系统，当槽车的压力提高至工作状态的 0.6 MPa，槽车内的液体就在压力作用下流入储罐内。

图 10-5　卸车增压器

2. LNG 储罐

LNG 储罐（图 10-6）是一种低温绝热压力容器，为双层（真空）结构。内胆用来储存低温液态的 LNG，外壁缠有多层绝热材料，具有超强的隔热性能，同时夹套（两层容器之间的空间）被抽成高真空，共同形成良好的绝热系统。外壳和支撑系统的设计能够承受运输车辆在行驶过程中产生的外力。

图 10-6　LNG 储罐

内胆在气相管路上设计有安全阀，在超压时起到保护储罐的作用。在超压情况下，安全阀打开，放散由绝热层和支撑正常的漏热损失导致的压力上升、真空遭破坏后以及在失火条件下的加速漏热导致的压力上升。外壳在超压条件下的保护通过爆破装置实现。如果内胆发生泄漏（导致夹套压力超高），爆破装置将打开泄压。一旦爆破装置发生泄漏，将导致真空被破坏，外壳就会出现"发汗"和结霜现象。

3. LNG 汽化器

LNG 汽化器主要用于液化天然气的汽化，一般用得较多的是空温式汽化器（图 10-7）。空温式汽化器是由带有翅片的传热管焊接组成的换热设备，原理是利用空气的自然对流加热低温 LNG 使其汽化为常温气体，其核心部分是换热装置，在尽可能小的空间内从大气中获取强大的热能。

图 10-7　空温式汽化器

空温式汽化器换热效率低，但是制造成本和运行成本较低，经常作为 LNG 储备站的主汽化器，其缺点是对环境温度很敏感，冬季易结冰，占地面积较大。现场如果有合适的热源，也可以使用水浴式汽化器代替空温式汽化器以减少投资和占地面积，图 10-8 为水浴式汽化器。但汽化器的选择要综合考虑环境条件、设计规模、占地面积、投资成本、运营成本、运行稳定性等因素，以选出最优的汽化方案。

图 10-8 水浴式汽化器

此外，LNG 储配站还配备有调压器、流量计、加臭装置以及安全附件等。汽化后的 LNG 以气态的形式经过调压区调压、计量区统计、加臭区加臭后，最终进入城市燃气管网或者工业用户的燃烧端。

二、LNG 储备站的工艺流程

槽车运来的 LNG 在卸车台经过卸车增压器增压后，进入储罐储存。进行汽化生产时，储罐内少量 LNG 进入储罐自增压器，吸热相变后，气态天然气返回储罐，使储罐内压力增加，储罐和管道形成压力差。在压力差的作用下，储罐内的 LNG 经管道进入空温式（或水浴式）汽化器，LNG 吸热发生相变，以气态的形式经过计量、调压、加臭后进入城市燃气管网。LNG 储备站按照工艺流程可以划分为卸车区、储罐区、汽化区、调压计量区、辅助区以及控制室等功能区域。

三、增压工艺操作流程

1. 准备工作

在进行自增压操作前，应准备好所需的工具材料及相关的安全防护设施，如防冻服、防冻手套、防爆扳手、四氟垫片、检漏仪等。检查确认储罐下进液根部阀为开启状态，操作为关闭状态，增压器进、出口阀处于开启状态，增压液相阀处于关闭状态，调节阀前控制阀门处于关闭状态。关闭增压器的手动放散阀，开启安全阀并设定安全压力为 0.65 MPa。根据实际情况，选择合适的增压方案。

2. 升压操作

操作人员与控制室监控人员沟通，确认一切正常后，缓慢、平稳地打开自增压液相阀。平稳打开调节阀前控制阀门，当听到调节阀有过气声时，说明开始对储罐增压。首次对储罐进行增压作业时，应对增压调节阀进行调整。

1）检查确认增压器进、出口阀处于开启状态，确认增压液相阀处于关闭状态，调节阀前控制阀门处于开启状态，增压旁通阀为关闭状态，增压调节阀调整螺杆处于旋松状态。

2）打开增压旁通阀，打开增压液相阀，待储罐压力升至低于升压调节阀设定值 0.1 MPa 左右时，关闭增压旁通阀。

3）慢慢拧紧升压调节阀螺丝，一边紧、一边听，当听到有轻微的过气声时，说明调节阀已开始工作，直至储罐压力达到调节阀设定压力，且调节阀前端管线压力高于调节阀设定压力而调节阀不工作时，说明调节阀已按设定值调好。

4）现场操作人员应时刻查看管道与储罐压力情况，达到预定压力时，应及时停止增压。

5）控制室监控人员应全程监控储罐压力变化。当储罐压力达到报警高限值时，立即通知现场操作人员终止增压操作。

3. 结束作业

增压结束后，应先关闭下进液操作阀，再通过增压器手动放散阀将管线内的气体通过排空。将所有阀门恢复到正常状态，结束增压作业。

四、LNG 储备站的日常巡查

1. 卸车区

卸车区应检查卸车管线、LNG 储罐出液管线保温层是否完好；卸车以及储罐出液汽化过程中工艺管线伸缩情况是否正常，是否存在焊口泄漏现象；工艺管线上的阀门，特别是低温阀门是否有泄漏现象；法兰连接部位是否存在泄漏现象；安全附件是否完好等。

2. 储罐区

储存系统应检查储罐外观是否清洁，是否存在腐蚀现象；储罐是否存在"冒汗"、结霜情况；安全附件是否完好；储罐基础是否牢固；储罐液位计外观是否完好，显示值是否在正常工作范围，是否在校验周期内；查看核对现场仪表与控制系统显示是否一致等。

3. 汽化区

汽化区应检查汽化器、加热器外观是否清洁；汽化器、加热器运行中结霜是否均匀，焊口是否有开裂泄漏现象；安全附件是否处于完好状态；核对现场仪表与控制系统显示是否一致等。

4. 调压计量区

调压计量区应检查阀体外表面是否清洁无污垢、无锈蚀；调整螺丝清洁无锈蚀且旋紧旋松是否无障碍；导压管连接处及调压法兰接口处有无泄漏；核对仪表运行流量是否在仪表量程范围内；检查仪表各项参数是否正常，如计数器转动是否正常，智能仪表参数显示是否正常，查看核对现场仪表与控制系统显示是否一致等。

5. 加臭装置

加臭装置应检查阀门和连接部位有无泄漏；四氢噻吩储罐液位是否在规定范围内；加药泵运转是否正常等。

6. 安全配件

安全配件应检查管线上各法兰连接部位、阀门有无泄漏；安全附件是否完好；安全阀的外观是否完好无损，是否在校验周期内，铅封是否完好；紧急切断阀的外观是否清洁，是否存在腐蚀现象；紧急切断阀接口是否泄漏，是否处于开启状态等；温度计、压力表外观是否完好，显示值是否在正常工作范围，是否在校验周期内；查看核对现场仪表与控制系统显示是否一致等。

7. 辅助区

辅助区应检查配电房设备是否整洁，运行是否正常；灭火器外观、压力、胶管及有效期；站内消防栓、泡沫发生器；消防水池储水量是否充足；消防水泵是否有足够备用，操作是否正常；其他辅助设施是否整洁，运行是否正常等。此外，在巡查过程中如发现任何异常情况，应按照企业专项应急预案处置。

第三节　加气站供应系统

加气站是指具有储气设施，使用加气机为机动车加注车用天然气并可提供其他便利性服务的场所。按照加气规模的不同，天然气加气站可分为 CNG 常规加气站和汽车加气母站、汽车加气子站。

一、CNG 常规加气站（标准加气站）

CNG 常规加气站一般由调压计量系统、净化干燥系统、压缩系统、储存系统、压缩站的控制系统以及售气系统组成。

二、汽车加气母站、汽车加气子站

汽车加气母站和常规站的系统组成基本一样。只是其供气量较常规站要大得多（压缩机排气量和站用储气瓶的储气量都比较大），售气系统除售气机以外还需配置 1～2 台大流量加气柱，供子站拖车加气使用。

汽车加气子站和常规站相比，由于没有管网输气，所以不需要调压计量系统和净化干燥系统，但须另外配置 1～2 台子站拖车，以便从母站加气柱充装拉气。

三、加气站的主要子系统

1. 调压计量系统

调压计量系统的主要作用是使从输气管道来的天然气的压力保持稳定，并满足压缩机对入口压力的要求，同时对输入加气站的气量进行计量。其主要设备为过滤器、调压器、流量计、压力表、旁通阀以及主阀门等。

2. 净化干燥系统

净化干燥系统主要包括除尘、脱硫、脱油、脱水、干燥等工序，可分为前置处理和后置处理 2 种形式。压缩系统中每级压缩前后的冷凝除油过程也可归于净化系统。

前置处理是指在压缩前对天然气的干燥和净化，其目的是确保压缩机的正常运行；后置处理是指在压缩后对压缩天然气的净化和干燥，其目的是确保所售气质的纯净，在发动机中燃烧良好，不会对发动机产生危害，也避免可能出现的对售气系统的损害。这两种净化干燥处理方式，既可同时采用，也可采用其中一种。从目前国内外实际应用来看，基本只采用一种，而且近年来前置处理的方式逐步成为一种趋势，这样可以保护加气站的核心设备——压缩机不会受到腐蚀和损坏。

3. 压缩系统

压缩系统是 CNG 加气站的核心部分，主要包括：

（1）进气缓冲罐和废气回收罐

进气缓冲罐（图 10-9）应包括压缩机每一级进气缓冲，其目的是减小压缩机工作时的气流压力脉动以及由此引起的机组的振动。废气回收罐主要是将每一级压缩后的天然气经冷却分离后，随冷凝油一起排出一部分废气。压缩机停机后，滞留在系统中的天然气、各种气动阀门的回流气体等先回收起来，并通过一个调压减压阀，返回压缩机入口。当罐中压力超过其上的安全阀压力时，将自动集中排放，同时凝结分离出来的重烃油也可定期从回收罐底部排出。有些生产厂家在确保压力脉动足够小的前提下，取消了缓冲罐，或以进气分离罐代替缓冲罐，有的还将进气缓冲罐和废气回收罐合二为一。

图 10-9　进气缓冲罐

（2）压缩机组

压缩机组（图 10-10）包括压缩机和驱动机。压缩机是压缩系统，也是整个加气站的"心脏"。不同生产厂家生产的压缩机结构、形式都不一样，用于天然气的基本都是活塞往复式压缩机。其结构形式有卧式、对称平衡式、立式、角度式（V 形、双 V 形、W 形、倒 T 形等），国内生产的压缩机主要有 V 形和 L 形 2 种。压缩机组的驱动机有 2 类：一类是电机，用得最多、最方便；另一类是天然气发动机，主要用于偏远缺电地区或气田附近，可降低加气站的运营成本。

图 10-10　压缩机组

（3）压缩机润滑系统

压缩机润滑系统包括对曲轴、气缸、活塞杆、连杆轴套及十字头等处进行润滑。该系统由预润滑泵、循环泵、分配器、油压表、油温表、传感器、油冷却器、油管、过滤器、油箱（曲轴箱）、废油收集器等部件组成。其中，气缸润滑方式可分为有油润滑、无油润滑和少油润滑 3 种。

（4）压缩机和压缩天然气冷却系统

压缩机和压缩天然气冷却系统可以分为水冷、风冷两大类。其中，水冷分为开式循环和闭式循环。风冷可分为 2 种，一种是气缸带有散热翅片的，多用于结构紧凑的角度式；另一种是气缸不带散热翅片的，用于结构分散的对称平衡式。开式循环的水冷却方式为在专门的冷却水池中冷却，较为落后，而另外 3 种方式的应用更为合理，技术也比较成熟。

（5）控制系统

完整的加气站控制系统对加气站的正常运行非常重要。自动化程度高、功能完善的控制系统可以提高加气站的工作效率，保证加气站安全、可靠运行。加气站的基本控制系统可分为电源控制、压缩机组运行控制、储气控制（含优先顺序控制）、净化干燥控制、系统安全控制、售气控制等。

4. 储存系统

压缩天然气加气站的储存方式目前有 4 种形式，一是每个气瓶容积在 500 L 以上的大瓶组，每站 3～6 个，在国外应用得最多；二是每个气瓶容积在 40～100 L 的小气瓶组，每站在 40～200 个，国内储气基本是这种形式；三是单个高压容器，容积在 2 m³ 以上，国内应用较少；四是地下储气井存储，每井可存气 500 Nm³，这是我国石油行业的创造，在四川、山东等地应用很多，设计压力为 25 MPa，储气井的深度一般为 50～180 m。地下储气井由十几根石油钻井工业中常用的套管通过管端的扁梯形螺纹连接而成；其占地面积很小，有利于站场平面布置；虽然初期投资较大，但据相关资料表明该储气井至少可以使用 25 年以上，并可以节省检验维修费，安全可靠性好。其缺点是耐压试验无法检验强度和密封性，制造缺陷也不能及时发现，排污不彻底，容易对套管造成应力腐蚀。

合理的储气方式和选择合适的储气井容量，不但能提高气瓶组的利用率和加气速度，还可以减少压缩机的启动次数，延长压缩机使用寿命，更能节省电能。根据经验，通过地下储气井的方法储气，可提高加气效率，即将储气瓶组分为高压、中压、低压三组。当压缩机压缩运行向储气井组充气时，应按高压、中压、低压的顺序进行，而当储气井组向天然气汽车加气时，应按低压、中压、高压的顺序进行加气充装。

5. 售气系统

售气系统包括高压管路、阀门、加气枪、计量、计价以及控制部分。简单的售气系统除了高压管路，仅有一个非常简易的加气枪和一个手动阀门。较先进的售气系统不仅有智能控制，还具有优先顺序加气控制、环境温度补偿、过压保护以及软管断裂保护等功能。

四、加气站的主要供气对象

汽车加气站主要为 CNG 汽车或 LNG 汽车供气，其中包括常规加气站和汽车加气子站；汽车加气母站，主要为加气子站的拖车加气；居民小区加气站，主要通过拖车为小区供气输配站供气；工业用加气站，主要通过拖车为没有输气管道的工业企业供气。当然也可能将各种供气对象组合，以提高燃气企业的供气规模和经济效益。

第四节　LNG 加气站卸车作业

LNG 加气站卸车作业主要是指将由 LNG 槽车运送来的 LNG 转移至加气站内 LNG 储罐的过程。卸车作业涉及压力、物质形态等方面的变化。

一、卸车准备

LNG 系统集卸车、汽化、减压、低压储存供应于一体，因此，作业时每个环节都要处在工作状态。检查确认卸车区所有设备处于完好待用状态，工艺阀门能够灵活开关，安全阀处于正常使用状态，电磁阀、紧急切断阀灵敏可靠。检查确认灭火器及消防系统处于正常备用状态，接地线完好。同时，佩戴长袖防低温手套、防低温面罩、防砸鞋、防静电阻燃服等劳动防护用品。

二、卸车操作

LNG 槽车进入厂区，值班人员进行登记，检查车辆时要佩戴灭火罩。到 LNG 卸车区对位停车，司机拉紧手刹车并关闭发动机，车轮下塞上三角塞以防打滑。检查 LNG 槽车的液位、压力是否正常，核定槽车车号及 LNG 提货单据，做好记录。

将车辆与卸车区的静电接地线接牢，连接好卸车区与 LNG 槽车的气、液相软管，由槽车司机对罐车进行自增压（不超过 0.6 MPa）打开卸车区增压气相阀，微开槽车的液相阀门短时吹扫，放出连接处的空气后关闭。

运行人员开启上进液管道阀门对卸车台管道进行预冷，打开槽车小液相阀门对槽车进行增压至要求的压力。待汽化等设备开通后，通知司机打开槽车液相阀门，进行卸液、汽化作业。

液相卸车完毕后，开启卸车台的 BOG 管路阀，通过 BOG 加热器卸出余气。槽车的压力降低至 0.1 MPa 压力后，关闭卸车台与槽车连接的所有阀门，打开放散阀，软管化霜后，卸下卸车软管，关闭相关阀门。

最后，检查现场，卸下静电接地线，司机关好操作箱。

三、停止作业情况

如遇雷雨天气、附近发生火灾、气体泄漏、压力异常以及其他不安全因素，应立即停止卸车作业。

第五节 CNG 加气作业

加气作业区是指站内布置卸车设施、储气设施、加气机、加气柱、放散管、车载储气瓶组拖车停车位、CNG 压缩机等设备的区域，区域边界线为设备爆炸危险区域边界加 3 m。

一、加气作业流程

为规范 CNG 加气站的加气作业行为，保证充装人员在工作位置上完成汽车加气作业，预防和杜绝车辆加气过程中出现安全事故，掌握加气过程中出现紧急情况的处理程序，需按照规范作业流程进行加气作业。

1. 加气作业准备

工作人员应着工作制服，夜间需穿反光衣，备齐工作所需物品、备品；检查加气机体、加气枪是否有漏气现象，查看加气软管是否完好；加气枪的快速接头是否清洁、灵活、完好；加气机电脑控制器和操作键盘及 POS 机是否完好，操作键盘输入是否准确等。

2. 加气作业步骤

(1) 车辆引导

引导加气车辆停放在指定位置，并提醒司机拉起手制动、熄火、关闭总电源、司机及乘客须下车。

(2) 安全检查

打开加气窗盖，进行加气前的安全检查，检查钢瓶的使用证，确认钢瓶是否在有效期内；钢瓶外观是否有明显机械外伤、变形、严重腐蚀现象，以及对燃气管路、阀门及压力表的检查。

安全检查合格后，取下车辆加气口防尘塞连接加气枪，并确认可靠连接。将加气枪保险扣扣于加气车辆牢固、可靠位置后，旋转枪阀的手柄上箭头指向"开"的方向，确认枪阀与车辆加气口的连接端面无泄漏，打开车辆加气口上的阀门，此时可从加气机上的压力表读出车载气瓶的剩余压力，气瓶内剩余压力小于 0.1 MPa 的不予充装。

(3) 进行加气

确认钢瓶信息后，加气机开始加气，充装过程中加气人员应站在加气车辆侧面，不得站在加气枪头正面处，注意观察现场情况，防止无关人员在加气过程中靠近加气车辆或触碰设备。

加气过程中应进行安全检查。检查气瓶是否变形，气瓶是否有异响，是否存在漏气现象，气瓶压力是否超过规定值（20 MPa），加气机、加气车辆是否突然出现异常情况影响安全。如有上述异常情况应立即停止充装，查明原因后做进一步处理。

(4) 完成加气

加气完成后，加气机自动停止加气。关闭车辆加气口上的阀门，将枪阀手柄旋转至"关"的方向，排空枪头内气体。取下加气枪，同时进行加气后的安全检查，安全检查合格后，再将防尘罩盖在车辆加气口，将加气枪装入回枪盒，加气结束。

二、加气站的安全管理

CNG 加气站属于高压、易燃、易爆的一级防火单位。站内严禁烟火，严禁使用移动电话，严禁携带危险化学品和安全违禁物品进入站区。加气机每天工作结束或较长时间停止工作，应关闭加气机应急球阀，打开枪阀，排空软管中的高压天然气，再次使用加气机时，应先排净软管中的空气，以保证充入汽车的天然气纯度。要经常检查售气机、管线、阀门等是否有漏气现象。

天然气车辆必须有压力容器许可证、出厂质检合格证、改装合格证、定期质检合格证或多证合一的"充装证"。对无定期质检合格证，气瓶超过有效期及合格证不全的车辆，不得予以加气。

三、气瓶不得充装的情形

如气瓶未经使用登记或与使用登记证不一致，超过检测期限，定期检验不合格或报废的，新瓶或定期检验后的气瓶首次充装，未经置换或抽真空处理的，不得对其进行充装。

工作人员对气瓶及其燃气系统安全性存疑或气瓶没有剩余压力且无法确认气瓶内介质，不应进行充装。

气瓶、减压阀、充气阀、高压管线等装置连接有松动、固定不可靠且未整改，钢瓶外观有明显机械外伤、变形及外形腐蚀严重，有结露等泄漏现象，应立即停止加气。

遇雷雨天气不对气瓶进行充装。

四、紧急情况处理

如遇紧急情况，应关闭加气机，紧急切断球阀或加气机底部高压、中压、低压的进气阀门（单线加气机只有一个阀门）或加气机上游（顺序控制盘、储气井）阀门，迅速关闭汽车气瓶阀门，立即切断加气机电源。

第六节　加气站的异常情况处理

加气站的设备很多都是国家规定的特种设备，对其管理有特殊的要求。一旦发生意外事故，会导致严重后果，因此，应制定有针对性的应急处置措施。

一、加气车辆拉断加气枪

加气车辆在加气过程中，在未摘下加气枪的情况下，启动车辆拉断加气枪。

工作人员应迅速关闭该加气机总阀，事故车辆熄火、断电，站内停止加气。运行人员布置警戒线禁止一切火源进入现场，并阻止其他等待加气车辆进入现场，告知驾驶员离开车辆，前往安全地点。

此时若发现加气枪拉断阀未起作用，应在条件允许时，侧身关闭车载加气阀门或车载气瓶入口阀，阻止车内天然气外泄。迅速就近拿起灭火器靠近加气软管拉断位置，随时应对可能发生的火灾事故，直至枪管内剩余天然气放散完毕。

如有人员受伤，要立即把伤员转移到安全地带，同时拨打"120"。

二、车辆在加气过程中发生"脱枪"

工作人员应迅速关闭该加气机总阀并注意自我防护，站内停止加气。在条件允许时，侧身关闭车载加气阀门或车载气瓶入口阀，阻止车内天然气进一步外泄。迅速就近拿起灭火器靠近加气软管拉断位置，随时应对可能发生的火灾事故，直至枪管内剩余天然气放散完毕。

其他岗位人员通知等待加气的车辆熄火、断电，所有车辆驾驶员及其他无关人员应迅速离开车辆，撤到安全地带。

如有人员受伤，要立即把伤员转移到安全地带，同时拨打"120"。待确认事故车辆气瓶内剩余天然气放散完毕后，方可让车辆移出加气区，以及进行后续处理。

三、加气车辆车载管道或气瓶发生泄漏

工作人员应迅速关断该加气机面板总阀，用检漏仪判断泄漏点。若为管道泄漏，则侧身关闭车载气瓶入口阀，待管道内天然气排空后，责令事故车辆返修；若为气瓶泄漏，则立即通知站内人员车辆气瓶泄漏，站内停止加气。

工作人员应立即通知等待加气、加液的车辆熄火、断电，驾驶员迅速离开车辆，撤到安全地带。运行人员应立即设置警戒区域，禁止一切车辆及人员进入，并在警戒区外进行浓度监测，有异常上升区域立即扩大警戒区。

就近取出灭火器放在该事故车辆周围，以便在发生初期火情时能及时进行扑救。待确认事故车辆气瓶内剩余天然气放散完毕后，方可将车辆移出加气区，进行后续处理。

四、压缩机发生重大泄漏

发现事故后，工作人员应迅速按下现场事故压缩机控制盘"停止"按钮，压缩机撬内强排风扇自动开始运行。关断事故压缩机进、出口阀，打开事故压缩机回收罐排污阀并将事故压缩机扳钮拨至"手动"，开启排污阀，放空卸压。

立即告知站长设备故障的原因，并回控制室断开故障压缩机电源，由运行转检修。

待撬内天然气基本放空后，将备用压缩机转为运行，以及进行后续处理。

五、加气机部分发生重大泄漏

工作人员应迅速关闭该加气机总阀，站内停止加气。

加气机旁工作人员就近取出灭火器放在加气机周围，以便在发生初期火情及时进行扑救，并设置警戒区域，禁止一切车辆及人员进入。阻止在场车辆启动，通知驾驶员迅速离车，撤到安全地带。

运行人员应立即关闭高压、中压、低压储气井阀门，打开其中一台正常加气机高压、中压、低压过滤器放散阀放空卸压，直至天然气放散完毕，关闭故障加气机高压、中压、低压根部阀，并将该加气机由运行转为检修状态，进行后续处理。

六、储气井大量泄漏

工作人员发现高压储气井、中压储气井或低压储气井大量泄漏，立即通知所有人员，站内停止加气。

　　加气旁工作人员立即阻止在场车辆启动，通知驾驶员迅速离车，撤到安全地带。立即在车辆出、入口处布置警戒线，禁止所有车辆和闲杂人员入站，并在出口外人行道守护，劝导行人及途径车辆不使用火源及电子设备，并在警戒区外进行浓度监测，浓度有异常升高应立即扩大警戒区。

　　运行人员打开出现泄漏的高压、中压、低压储气井排污放散阀门，通过放散管让气体放空卸压，进行后续处理。

第十一章

瓶装燃气供应

第一节　瓶装燃气的储存与装卸

一、液化石油气瓶装供应站

液化石油气瓶装供应站按钢瓶总容积应分为3类，并应符合表 11-1 的规定。

表 11-1　液化石油气瓶装供应站分类

名称	钢瓶总容积（V）/ m³
Ⅰ类液化石油气瓶装供应站	$6 < V \leqslant 20$
Ⅱ类液化石油气瓶装供应站	$1 < V \leqslant 6$
Ⅲ类液化石油气瓶装供应站	$V \leqslant 1$

注：钢瓶总容积按钢瓶个数和单瓶几何容积的乘积计算。

液化石油气钢瓶不得露天存放。Ⅰ类液化石油气瓶装供应站和Ⅱ类液化石油气瓶装供应站的瓶库宜采用敞开或半敞开式建筑。瓶库内的钢瓶应按实瓶区和空瓶区分区存放。

Ⅰ类液化石油气瓶装供应站出入口一侧可设置高度不低于 2 m

的不燃烧体围墙，围墙下部 0.6 m 应为实体；其余各侧应设置高度不低于 2 m 的不燃烧体实体围墙。Ⅱ类液化石油气瓶装供应站的四周宜设置非实体围墙，围墙应采用不燃烧材料，且围墙下部 0.6 m 应为实体。

Ⅰ类液化石油气瓶装供应站和Ⅱ类液化石油气瓶装供应站的瓶库与站外建筑及道路的防火间距应符合下列规定：

Ⅰ类液化石油气瓶装供应站和Ⅱ类液化石油气瓶装供应站的瓶库与站外建筑及道路的防火间距应不小于表 11-2 的规定。

Ⅰ类液化石油气瓶装供应站的瓶库与高速公路、Ⅰ级和Ⅱ级公路、城市快速路、铁路、架空电力线和架空通信线的距离应符合现行国家标准《液化石油气供应工程设计规范》（GB 51142）的规定。

Ⅰ类液化石油气瓶装供应站的瓶库与修理间或办公用房的防火间距应不小于 10 m。当营业室可与瓶库的空瓶区毗连设置时，隔墙应采用无门窗洞口的防火墙。

当Ⅱ类液化石油气瓶装供应站由瓶库和营业室组成时，两者可合并建成一幢建筑，隔墙应采用无门窗洞口的防火墙。

表 11-2　Ⅰ和Ⅱ类液化石油气瓶装供应站的瓶库与站外建筑及道路的防火间距

单位：m

项目		瓶装供应站分类（V）/m³			
		Ⅰ类液化石油气瓶装供应站		Ⅱ类液化石油气瓶装供应站	
		$10<V\leqslant20$	$6<V\leqslant10$	$3<V\leqslant6$	$1<V\leqslant3$
明火、散发火花地点		35	30	25	20
重要公共建筑、一类高层民用建筑		25	20	15	12
其他民用建筑		15	10	8	6
道路路边	主要	10	10	8	8
	次要	5	5	5	5

注：钢瓶总容积按钢瓶个数与单瓶几何容积的乘积计算。

Ⅲ类液化石油气瓶装供应站可将瓶库设置在除住宅、重要公共建筑和高层民用建筑及裙房以外的与建筑物外墙毗连的单层专用房间，隔墙应为无门窗洞口的防火墙，并应符现行国家标准《液化石油气供应工程设计规范》（GB 51142）的规定。瓶库与主要道路的防火间距不应小于 8 m，与次要道路应不小于 5 m。

瓶库的设计应符合下列规定：

1）瓶库的耐火等级应不低于二级。

2）室内通风应符合以下的规定，门窗应向外开。

3）瓶组间采用自然通风时，每个自然间应设置 2 个连通室外的下通风式百叶窗，瓶组间通风口的总有效面积应不小于该房间地面面积的 3%。通风口下沿距室内地坪宜小于 0.2 m。当不能满足自然通风条件时，应设置独立的机械送风、排风系统，并应采用防爆轴流风机，通风量应符合下列规定：

①正常工作时，通风量应按换气次数不少于 6 次/h 确定；

②事故通风时，事故排风量应按换气次数不少于 12 次/h 确定；

③不工作时，通风量应按换气次数不少于 3 次/h。

4）封闭式瓶库应采取泄压措施，并应符合现行国家标准《建筑设计防火规范》（GB 50016）的有关规定。

5）地面应采用撞击时不产生火花的面层。

6）室内照明灯具、开关及其他电气设备应采用防爆型。

7）应配置液化石油气泄漏报警装置，报警装置应集中设置在值班室，并应有泄漏报警远传系统。

8）室温应不高于 45℃，且不低于 0℃。

9）灭火器的配置应符合以下规定。

液化石油气供应站内干粉灭火器或二氧化碳灭火器的配置应符合现行国家标准《建筑灭火器配置设计规范》（GB 50140）的有关规

定。干粉灭火器的配置数量应符合表 11-3 的规定。

表 11-3 干粉灭火器的配置数量

场所	配置数量
铁路槽车装卸栈桥	按槽车车位数，每车位设置 8 kg、2 具，每个设置点不宜超过 5 具
储罐区、地下储罐组	按储罐台数，每台设置 8 kg、2 具，每个设置点不宜超过 5 具
储罐室	按储罐台数，每台设置 8 kg、2 具
汽车槽车装卸台柱（装卸口）	8 kg 应不少于 2 具
灌瓶间及附属瓶库、压缩机室、烃泵房、汽车槽车库、汽化间、混气间、调压计量间、瓶组间和瓶装供应站的瓶库等爆炸危险性建筑	按建筑面积，每 50 m² 设置 8 kg、1 具，且每个房间应不少于 2 具，每个设置点不宜超过 5 具
其他建筑（变配电室、仪表间等）	按建筑面积，每 80 m² 设置 8 kg、1 具，且每个房间应不少于 2 具

10）相邻房间应是非明火、散发火花地点。

11）瓶库内不应设置办公室、休息室等。

12）非营业时间无人值守的 III 类瓶库内存有液化石油气钢瓶时，应设置远程无人值守安全防护系统。

二、液化石油气钢瓶

液化石油气钢瓶是在正常环境温度（-40℃～60℃）下使用的，公称工作压力为 2.1 MPa，公称容积不大于 150 L，可重复盛装液化石油气［应符合现行国家标准《液化石油气》（GB 11174）的规定］的钢质焊接气瓶（以下简称钢瓶）。

1. 钢瓶型号的表示方法

YSP □ − □

改型序号（用罗马字母表示）

特征参数（钢瓶的公称容积，L）

液化石油气瓶

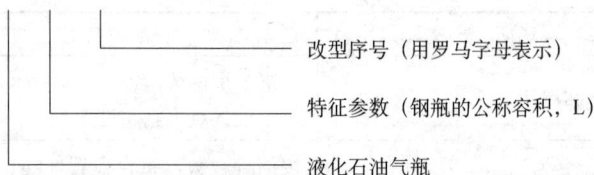

注：改型序号用来表示 YSP 系列中某一规格钢瓶的结构，瓶阀型号等发生了改变。如无改变，改型序号可不标注。

2. 常用钢瓶型号和参数

表 11-4 常用钢瓶型号和参数

型号	参数				备注
	钢瓶内直径/mm	公称容积 / L	最大充装量/kg	封头形状系数	
YSP4.7	200	4.7	1.9	K=1.0	
YSP12	244	12.0	5.0	K=1.0	
YSP26.2	294	26.2	11.0	K=1.0	
YSP35.5	314	35.5	14.9	K=0.8	
YSP118	400	118	49.5	K=1.0	
YSP118-Ⅱ	400	118	49.5	K=1.0	用于汽化装置的液化石油气储存设备

注：钢瓶的护罩结构尺寸、底座结构尺寸应符合产品图样的要求。

2000 年《气瓶安全监察规程》规定的液化石油气充装系数由原来的 0.425 kg/L 调整为 0.42 kg/L，在同样的容积下，液化石油气的充装量就有所减少，例如，原来液化石油气最大充装量为 15 kg 的钢瓶，容积只要等于或大于 35.5 L 即可，现在最大充装量只有 14.91 kg。规定充装系数的改变，直接导致了钢瓶命名方式的改变，例如，之前YSP-15型钢瓶，在保持参数不变的前提下，钢瓶的型号改为YSP35.5型。所以本书的钢瓶型号命名方式改为以钢瓶的公称容积（特征参数）命名。

原《液化石油气钢瓶》GB 5842—1996和《小容积液化石油气钢瓶》GB 15380—2001只规定了5种规格的钢瓶，这在当时来说能够满足国内市场的需要。随着国内外市场对钢瓶品种规格需求的增多，原来的5种规格已经不能适应市场需求，所以标准增加YSP26.2型和YSP118-Ⅱ型的规格。YSP26.2型液化石油气钢瓶在国内一些城市（如深圳）很受欢迎，在国外YSP26.2型钢瓶有很大市场，YSP118-Ⅱ型钢瓶用于汽化装置的液化石油气储存设备，在城市小区供气和工业瓶组站供气上有较多的需求，所以标准增加了这2种规格的钢瓶。

表11-4中的"常用"二字并非意味着其他型号的钢瓶就不适用：

1）DYSP23.5钢瓶在原标准中有此规格，只是现在用得较少，未列入表中，如有市场仍然可以继续生产；

2）如市场需要其他规格的钢瓶，可按现行国家标准及《气瓶设计文件鉴定规则》（TSGR1003）中的规定进行设计和制造；

3）标准在"适用范围"中规定液化石油气钢瓶"公称容积不大于150 L"，也就是说可以按现行国家标准及《气瓶设计文件鉴定规则》（TSGR1003）中的规定进行设计和制造公称容积不大于150 L的液化石油气钢瓶；

4）如果是要设计公称容积大于150 L的液化石油气钢瓶，则不属于标准的范围，可按现行国家标准《钢质焊接气瓶》（GB 5100）设计和制造。

液化石油气钢瓶结构，如图 11-1 所示。

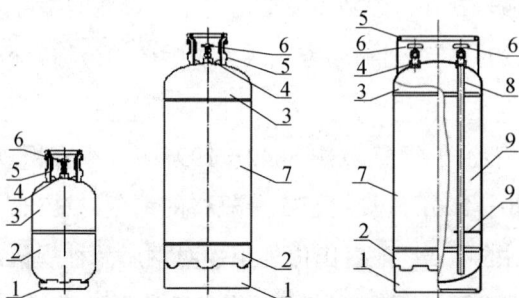

1—底座；2—下封头；3—上封头；4—阀座；5—护罩；6—瓶阀；7—筒体；8—液相管；9—支架

图 11-1　液化石油气钢瓶结构

3. 钢瓶的标志

1）钢瓶的钢印标志内容，应符合现行国家标准的规定。

2）压印在护罩上的钢印标志，内容与排列如图 11-2 所示。钢印字体高度应为 10～20 mm，深度为 0.5 mm，字体应明显、清晰。

3）每只钢瓶应有表示其唯一性的标识。

4）钢瓶的重量和容积应用 3 位数字表达（小容积钢瓶用 2 位数字表达），重量向上圆整，容积向下圆整。

5）钢瓶应根据用户需要粘贴有安全使用提示。

6）条件成熟时钢瓶实行编码标识，液化石油气钢瓶钢印标志如图 11-2 所示。

钢瓶安全使用提示如图 11-3 所示，液化石油气钢瓶上的二维码如图 11-4 所示。

4. 钢瓶的涂敷

1）钢瓶经检验合格后，按现行行业标准《液化石油气钢瓶涂敷规定》（CJ/T 34）进行表面涂敷。

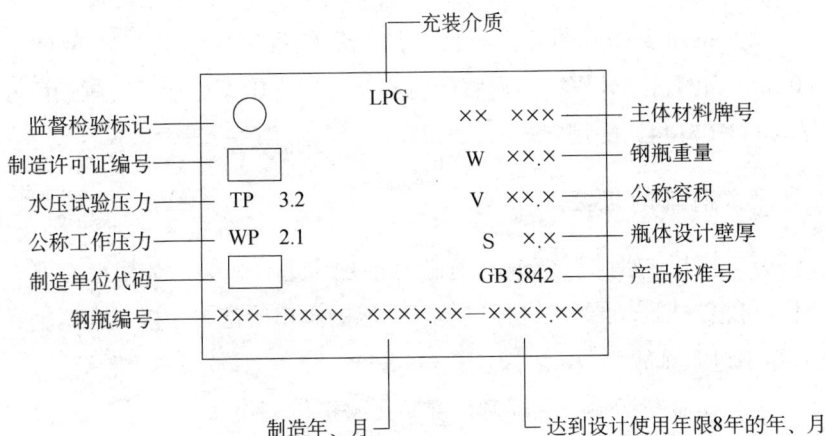

图 11-2　液化石油气钢瓶钢印标志

注：1. 钢瓶编号的前3位为生产批号，后4位为生产序号。
　　2. 钢瓶编号应在钢瓶组装后按生产顺序压印在护罩上。

图 11-2　液化石油气钢瓶钢印标志

钢瓶安全使用提示

1. 钢瓶必须保持直立使用。
2. 钢瓶放置地点不得靠近热源和明火，并与灶具保持1 m以上的距离。
3. 瓶阀出口螺纹为左旋。安装调压器时，应检查调压器上的密封圈是否完好无损，调压器拧紧后，应用肥皂水检查调压器与瓶阀连接处，不得漏气。
4. 发现液化石油气泄漏时，应立即打开门窗通风散气，不可点火、开关电器设备或使用电话，以防引起爆炸着火事故。
5. 严禁用任何热源对钢瓶加热。
6. 严禁用户自行处理瓶内的残液。

图 11-3　钢瓶安全使用提示

图 11-4　液化石油气钢瓶上的二维码

2）钢瓶表面应印有"液化石油气"红色字样，其字体为 60～80 mm 高的仿宋体汉字。钢瓶颜色应符合现行国家标准《气瓶颜色标志》（GB 7144）的规定。

5. 钢瓶的包装、贮运

1）出厂的钢瓶应按现行行业标准规定进行包装。如用户有要求时，可根据用户的要求进行包装。钢瓶的阀口应密封，以免在运输、贮存中进入杂物。

2）钢瓶在运输、装卸时，要防止碰撞、划伤。

3）钢瓶应贮存在没有腐蚀性气体、通风、干燥且不受日光暴晒的地方。

6. 钢瓶的出厂文件

1）每只钢瓶出厂时均应有产品合格证。产品合格证所记入的内容应与制造厂保存的生产检验记录相符。

2）每批出厂的钢瓶均应有质量证明书。该批钢瓶有 1 个以上用户时，可提供批量检验质量证明书的复印件给用户。

7. 钢瓶的设计使用年限

1）按现行国家标准《液化石油气钢瓶》（GB 5843）制造的钢瓶设计使用年限为 8 年。

2）钢瓶的设计使用年限应压印在钢瓶的护罩上。

液化石油气钢瓶作为可移动式压力容器被广泛使用，钢瓶的使用安全性直接关系到人民生命财产的安全。由于钢瓶的使用环境十分复杂，在充装、搬运和使用过程中，不可避免地要受到冲击碰撞、潮湿气体、酸性物质的腐蚀，会使钢瓶产生表面划伤，瓶体壁厚的锈蚀减薄，交变载荷引起的疲劳缺陷以及附件的变形、开焊、脱落等，从而不断降低钢瓶的承压能力，影响钢瓶的使用性能。为避免液化石油气钢瓶在使用中产生的缺陷引发安全问题，根据钢瓶预期的使用条件，给出钢瓶的设计使用年限是有必要的。

为了保障使用安全，同属燃气用具产品的热水器、灶具及铝制压力锅等均规定了使用寿命或使用年限。现行国家标准《家用燃气燃烧器具安全管理规定》（GB 17905）规定，人工煤气热水器的判废年限应为 6 年。液化石油气和天然气热水器的判废年限应为 8 年。燃气灶具的判废年限应为 8 年。现行国家标准《铝压力锅安全及性能要求》（GB 13623）规定，铝压力锅的使用年限为 8 年。参照现行国家标准，结合液化石油气钢瓶的实际使用情况，给出钢瓶的设计使用年限，对提高钢瓶的使用安全性是必要的。

钢瓶的设计使用年限并不一定等于实际使用寿命，其作用是提醒使用者，当超过钢瓶设计使用年限时，应经常测量钢瓶的壁厚和每年进行定期检验，以确保使用安全。

我国自 20 世纪 60 年代开始生产液化石油气钢瓶，据不完全统计已经累计生产了近 2 亿只，2022 年我国液化气瓶需求量为 3 845 亿个。按目前的规定，液化石油气钢瓶使用年限是 15 年，但由于各种原因超期使用的现象普遍存在。国家相关标准从设计的层面规定钢瓶使用年限为 8 年，为主管部门制定液化石油气钢瓶更加合理使用年限提供设计方面的支持，同时也为以后液化石油气钢瓶设计提供理论上的支持。

随着我国经济的发展和国民经济实力总体水平的提升以及人民生活水平的提高，人们对商品（产品）的价值和使用价值的观念已发生了很大的变化，对商品（产品）规定正常的使用年限是市场经济发展的必然。现在有越来越多的商品（产品），特别是关系人民生命及财产安全的商品（产品），如压力锅、燃气热水器等都在制造标准中明确规定了正常的使用年限，以指导消费者正确使用。

三、液化石油气的装卸操作

液化石油气的输送方式不同，装卸的方法也不同。

由炼油厂通过管路直接输送到储配站的液化石油气，可利用管道的压力压入储罐。

用罐车运输液化石油气时，可根据具体情况，采用不同的装卸方法进行。常用的装卸方法有压缩机装卸法、烃泵装卸法、加热装卸法、静压差装卸法和压缩气体装卸法等。

1. 压缩机装卸法

（1）原理

利用压缩机抽吸和加压输出气体的性能，将需要灌装的储罐（或罐车）中的气相液化石油气通入压缩机的入口，经压缩升压后输送到准备卸液的罐车（或储罐）中，从而降低灌装罐（或罐车）的压力，提高卸液罐车（或储罐）中的压力，使二者之间形成装卸所需的压差（0.2～0.3 MPa），液态液化石油气便在压力差的作用下流进灌装的储罐（或罐车），以达到装卸液化石油气的目的。

（2）压缩机装卸工艺注意事项

采用压缩机装卸工艺，为防止液体进入压缩机的气缸和压缩气体将机油带入系统，需在压缩机进、出口分别装设气液分离器和油水分离器，并应注意经常排泄分离下来的液体，不要超过最高液位。

压缩机的进气管和排气管应有放入大气的支管，以备在第一次开机前或气缸检修后用惰性气体来置换气缸和管路中的空气。

压缩机在启动前和运行中应按使用注意事项进行检查操作和维护保养。停机前必须将其近路阀打开，停机后不再继续开机时，需将进气、排气操作阀关闭再停电机。

装卸作业完毕后要及时填写操作记录和装卸记录表。

压缩机装卸法流程简单，生产能力高，可同时装卸几辆罐车，而且可以完全倒空，没有液化石油气损失。

在寒冷地区，液化石油气的饱和蒸气压一般仅有 0.05～0.2 MPa，且储罐内的液化石油气单位时间内的汽化量较少，很容易造成汽化量满足不了压缩机吸入量的要求，使压缩机无法工作，需要附加加热增压设备来提高储罐内的压力，使压缩机装卸正常进行。另外，压缩机装卸法电耗大，管理也比较复杂。

2. 烃泵装卸法

（1）原理

利用烃泵输送液体的性能，将需卸液的罐车或储罐中液态液化石油气通过烃泵加压输送到储罐（或罐车）中。

（2）工艺流程

烃泵装卸法的工艺流程如图 11-5 所示。卸车时，关闭阀门 12 和阀门 8，打开阀门 11 和阀门 13，使罐车的液相管与烃泵的入口管接通，烃泵的出口管与储罐的液相管相通，按烃泵的操作程序启动烃泵，罐车的液化石油气在泵的作用下，经液相管进入储罐（图 11-5），从而完成卸车作业。

装车时，关闭阀门 11 和阀门 13，打开阀门 12 和阀门 8，使烃泵的出口管与罐车液相管接通，泵的入口管与储罐液相管相通，开启烃泵，液化石油气便由储罐进入罐车。

为加快装卸，保证烃泵入口管路的静压头，在开启烃泵前，应先将罐车与储罐之间的液化石油气气相管道直接接通，以便在装卸过程中平衡二者之间的压力。

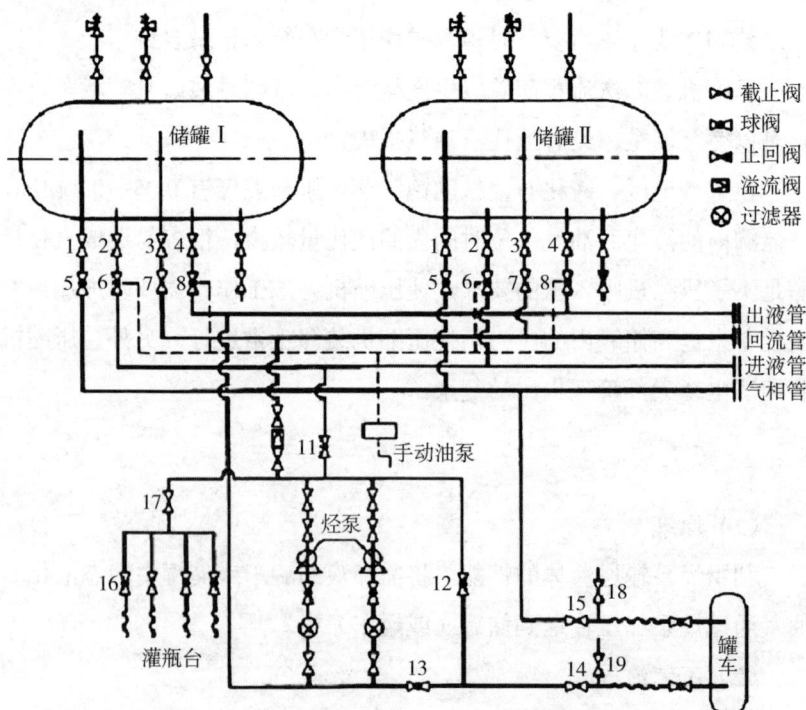

截止阀
球阀
止回阀
溢流阀
过滤器

A—烃泵；B—烃泵；C—罐车；16—灌瓶台阀门；阀1、阀2、阀3、阀4-储罐根部阀
（处于常开状态）；阀5、阀6、阀7、阀8-储罐操作阀。

图 11-5　烃泵装卸法的工艺流程

采用烃泵装卸时，液化石油气液相管道上任何一点的压力不得低于操作温度下的饱和蒸气压力，管道上任何一点的温度不得高于相应管道内饱和压力下的饱和温度，以防止液化石油气在管内产生气体沸腾现象，造成"气塞"，使烃泵空转。因此，在泵的吸入管路上必须要有避免液态石油气发生汽化的静压头，并保证依靠储罐或罐车内压力及液位差，使泵能被液化石油气全部充满。

（3）烃泵装、卸作业注意事项

罐车在装、卸过程中，驾驶员、押运员必须在场配合机泵操作员做好装卸操作工作，同时应注意罐车的稳固情况和管路有无泄漏等异常现象。

泵站气、液相软管接通工艺管道后应注意排净管内空气，并防止空气进入管路系统。软管拆卸时应先泄压，避免拆卸时造成事故。

装卸中防止紧急切断阀自行关闭，造成烃泵空转。同时严密监视容器液位和压力的变化。卸车时，当进液储罐达到允装重量液位时，应立即倒入另一储罐，严禁过量充装。

遇有雷雨和暴风天气，应停止装卸，当液化气储配站存有严重泄漏或报警器发出警报，以及工艺设备、管路出现异常时，必须立即停止罐车装卸作业，并查明原因，及时排除。

装卸作业过程结束后，操作人员应及时填写操作记录和运行记录。烃泵装卸法工艺系统简单，管理也方便，但必须解决好烃泵入口端的静压问题。另外，烃泵卸液不能完全排空，液化石油气会有一定的损失。

3. 加热装卸法

（1）原理

利用液化石油气受热后饱和蒸气压力显著提高的特性，以蒸汽或热水作为加热源，在不改变容器容积的条件下，使液化石油气的压力增高，在罐车与储罐之间形成一定的压力差，作为装卸液化石油气的动力。

（2）工艺流程

液化石油气加热装卸法的工艺流程如图 11-6 所示。由图 11-6 可以看出，中间储罐中的部分液态液化石油气通过汽化器被加热汽化，蒸发的液化石油气除小部分在中间储罐的上部空间起到平衡作用外，其余大部分进入罐车内的上部空间，使罐车的上部空间形成较高压力，将罐车内的液态液化石油气压入储罐 4。由于储罐的气相阀门 12 和阀门 2 处于关闭状态，强制汽化的气体不能进入储罐，而只能由阀门 8 进入罐车，经汽化器至阀门 5，由阀门 9 进入罐车，这样就造成了罐车与储罐之间的压差，迫使罐车内的液体流入储罐，从而达到卸车的目的。

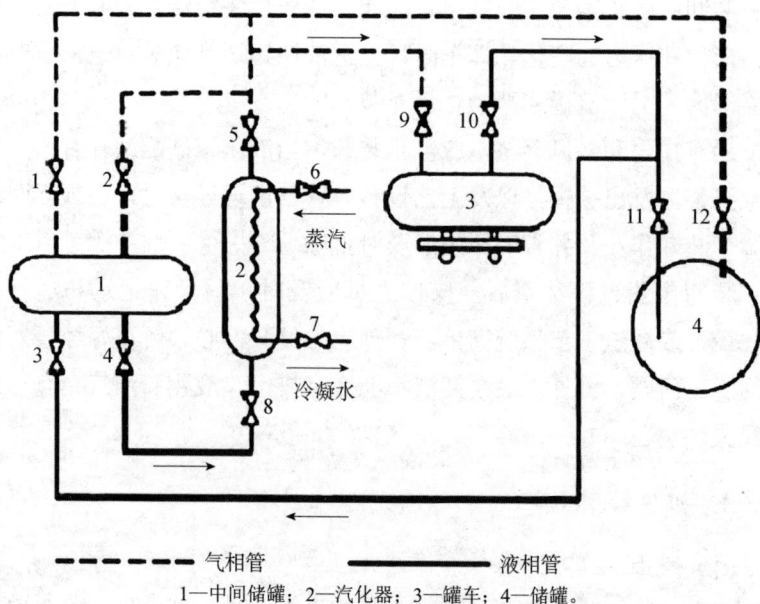

气相管 ——— 液相管

1—中间储罐；2—汽化器；3—罐车；4—储罐。

图 11-6　液化石油气加热装卸法的工艺流程

经阀门 1 进入中间储罐的小部分液化石油气，打开储罐的气相阀门 12，这样就使储罐内的气相压力升高而罐车不增压，形成了储罐向罐车装液的压差，迫使储罐的液体流入罐车而实现装车的目的。

（3）操作程序

1）按罐车的装卸准备要求，将罐车停放牢固，并接好防静电接地。

2）接通罐车与储罐的液相管，排出装卸软管中的空气，开启阀门 10 和阀门 11。

3）打开汽化器的气相出口阀门 5 和中间储罐的气相入口阀门 9。

卸车时打开罐车气相阀门 8，关闭储罐气相阀门 12，装车时打开阀门 12，关闭阀门 10。

4）开启阀门 3 和阀门 11，接通中间储罐与储罐的液相管，以备由储罐补充液化石油气。

5）当确定阀门 5、阀门 2 等确已开启后，打开蒸汽入口阀门 6 和冷凝水排泄阀门 7，开启阀门 4 和阀门 8，向汽化器输入液态石油气，加热汽化开始，汽化器向罐车（装车时向储罐）输入，卸车（或装车）作业开始。

6）当罐车液位降至零位时（装车时达到允装重量液位）时，关闭阀门 10，同时关闭阀门 8 和阀门 6，加热汽化停止。

7）关闭阀门 9 和罐车紧急切断阀与球阀，拆除气液相软管和接地链，解离罐车，装卸作业结束。

（4）注意事项

采用汽化器加压装卸液化石油气，操作时一定先将汽化器的气相出口阀打开，使之与输液容器相通，开启汽化器的蒸汽管和回水管，最后再开汽化器的液态石油气入口阀，以保证汽化的液化石油气及时进入输液容器，若忘记开汽化器的气相出口阀和输液容器的气相阀门，会使汽化器严重超压、发生恶性事故。停止装卸时要先关汽化器的进液阀和蒸汽入口阀，首先停止蒸发，然后再关其他阀门。

在寒冷地区，冬季气温有时达-30℃以下。这时，液化石油气的 C_4 部分已都成为液体，不再产生蒸气压，C_3 部分的蒸气压也很低，压力表常处于零位，在这种情况下，若用压缩机装卸，无气可抽；若用烃泵装卸，流速会很慢，甚至会把输出容器抽成负压，加热装卸法尽管操作较复杂，且具有一定危险性，但在上述情况下仍得以采用。

4. 静压差装卸法

静压差装卸原理是利用两个液化石油气容器之间的位置高低之差产生的静压差，使液化石油气从位置处于高位置的容器中流往低位置容器，达到装卸的目的。其卸车工艺流程如图11-7所示。

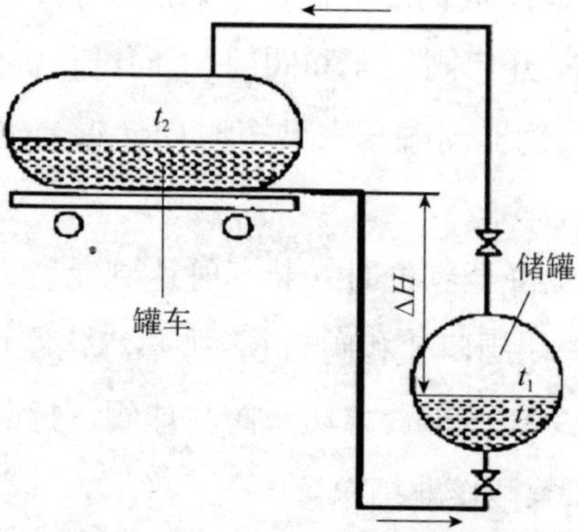

图 11-7　静压差卸车工艺流程

由图11-7可以看出，罐车处在高处，储罐在低处，连通罐车与储罐的气、液相管，在压差足够的条件下，即可将罐车中的液化石油气经液相管流入储罐，所以又称为"自流卸车"。

这种装卸方法简单，只需接通两者的气、液相管即可，但必须有足够的位置高度差才能采用。在罐车和储罐温度差别不大（即两者的蒸气压近似）时，为保证卸车，两容器之间的静压差为74～98 kPa，即使其高度差 ΔH 为15～20m。此法适应于向半地下或地下储罐注用。

装卸所需的静压差可按式（11-1）计算。

$$\Delta H = 10（P_{t1}-P_{t2}）/rp+\sum \Delta P \qquad (11-1)$$

式中，ΔH——自流卸车所需的静压差；

P_{t1}——温度为 t_1 时液态液化石油气的饱和蒸气压；

P_{t_2}——温度为 t_2 时液态液化石油气的饱和蒸气压；

rp——液化石油气的平均密度；

$\sum \Delta P$——液相管路阻力。

5. 压缩气体装卸法

压缩气体装卸法是将与液化石油气混合后不会引起爆炸的不凝、不溶的瓶装高压气体，送入准备倒空的罐车（或储罐）中，使其与灌装储罐（或罐车）之间产生一定的压差，从而将液化石油气从倒空容器流入灌装容器。压缩气体装卸法工艺如图 11-8 所示。

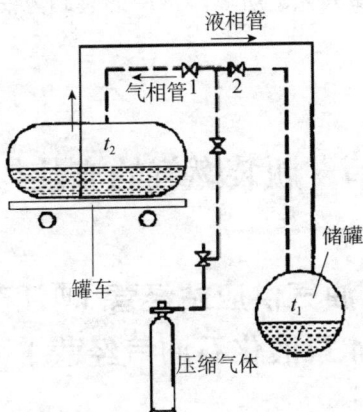

图 11-8 压缩气体装卸法工艺流程

如图 11-8 所示，卸车时，打开阀门 1，压缩气体经气相管进入罐车中的气相空间，使罐车内压力高于储罐内的压力，将罐车中的液态液化石油气经液相管卸入储罐。装车时，关闭阀门 1，打开阀门 2，压缩气体经气相管送入储罐，将储罐中的液相液化石油气经液相管装入罐车。压缩气瓶出口的调压器出口压力一般保持比倒空容器（罐车或储罐）内液化石油气饱和蒸气压高 0.98～1.96MPa。

对已倒空的容器重新灌液时，必须放掉其中的混合气体。因此，这种系统要损失一定的液化石油气，还要按时供足充满纯压缩气体的气瓶。

可选择的压缩气体有甲烷、氮气、二氧化碳，也可选用其他不溶于液化石油气，且与液化石油气混合后不会引起爆炸的惰性气体，压缩气体的压力导入容器前应经减压，进入容器的压缩气体压力应低于容器的设计压力。

上述 5 种装卸方法，加热法必须具备热源；静压差法要有足够的高位差，且装卸速度慢；压缩气体法需要定期供应一定数量的压缩气体，且液化石油气损失大。所以，常用的装卸方法是压缩机和烃泵装卸工艺。

第二节　瓶装燃气的充装与销售

一、液化石油气供应站经营（《江苏省燃气服务质量标准》第 4 章液化石油气经营）

第一条　根据《江苏省燃气质量服务标准》，液化石油气供应站发展用户企业应制定用户发展要约，并在提供该项业务的服务窗口公示，企业应与用气申请者签订新用户发展合同，明确双方的权利与义务，企业应建立用户档案，发放用户证（卡），企业发展用户收取钢瓶押金的，退户时应退还液化石油气钢瓶押金。

第二条　企业必须保证连续、安全、可靠地供应符合国家质量标准的燃气。停业、歇业的，应当事先对其供应范围内的燃气用户的正常用气作出妥善安排，并在 90 个工作日前向燃气主管部门报告，经批准后方可停业、歇业。

第三条　液化石油气充装量必须符合国家《液化气体气瓶充装规定》《液化石油气钢瓶》以及《定量包装商品计量监督管理办法》的有关规定。液化石油气钢瓶充装时，瓶内液化石油气残液量应符合下列规定：企业应制定退残办法并在服务窗口公示，同时报送燃气主管部门备案。钢瓶充装后应进行角阀塑封。塑封套应标明充装单位、服务电话和监督电话按规定出具液化石油气销售费用凭证。

第四条　企业提供给用户的液化石油气钢瓶应符合国家有关规定，并应符合下列要求：

新投用（含检测后）的液化石油气钢瓶，应进行抽真空处理，并做好相关记录。

（一）销售的液化石油气钢瓶不得有明显的污渍。

（二）实瓶售出前必须进行泄漏检查，严禁出售可能影响用气安全的钢瓶。

第五条　企业不得限制用户选择供气站点。企业应积极开展便民服务，完善送气服务网络，配备与经营规模相适应的送气服务人员，送气服务费的收取应符合价格主管部门的规定，并出具收费凭证。

第六条　送气服务人员在从事送气服务时应当遵守下列规定：

（一）应按约定时间为用户提供送气服务，送气服务时必须统一穿着企业识别服，随身佩戴岗位从业证（牌）、送气配送单，并告知用户正确的安装、调试方法。若用户明确提出要求送气人员安装，送气人员应为居民安装好燃气气瓶，并对安装部位进行泄漏检查和点火调试，直到使用正常。

（二）不得擅自撕启钢瓶塑封标识和警示标签。

（三）不得私自在未经核准的场地存放已装液化石油气的气瓶。未能及时送出的气瓶应及时送回企业存放。

（四）不得进行气瓶间相互倒灌、掺杂使假和随意倾倒液化石油气残液。

第七条 企业接到用户钢瓶、角阀泄漏报告时，应指导用户采取关阀停气、开窗通风等措施，提醒用户严禁在室内开关电器、拨打电话、使用明火等可能引起危险后果的行为，并于接报后 1 小时内上门处置。燃气气瓶运输车辆必须符合相关部门的有关规定。

第八条 供应站（点）除满足服务窗口的要求外还应符合下列规定：

（一）有醒目的企业标识；

（二）悬挂政府部门颁发的有关证件；

（三）设有受理业务的服务柜台；

（四）配有服务电话；

（五）配有重量检斤秤；

（六）配有试漏装置和材料；

（七）设有醒目的禁火标志；

（八）配有符合规定的消防器材。

第九条 供应站（点）应做到空、实瓶分区码放整齐，并留有通道。供应站（点）撤销或者迁移的，须报经燃气主管部门批准后，方可实施。

（一）撤销或者迁移日前 30 日，在该供应站（点）发布撤销或者搬迁的公告。

（二）发布公告的同时，应在该供应站（点）为用户提供办理退转户手续的服务。

（三）撤销或者搬迁供应站（点）的公告，应具有下列内容：

（四）撤销或者搬迁的供应站（点）名称；

（五）撤销或者搬迁的日期；

（六）用户供应安排；

（七）参与用户供应的供应站（点）的地址、服务电话号码；

（八）搬迁后供应站（点）的地址、服务电话号码。

二、液化石油气供应站安全检查标准

依据《江苏省城镇燃气安全检查标准》的规定，液化石油气供应站安全检查标准参考表 11-5。

表 11-5　江苏省城镇燃气安全检查标准（液化石油气供应站）

序号	检查单元	检查内容	类型	检查方法	检查情况
1	总体布置和房屋结构	1.1 Ⅰ、Ⅱ级瓶装供应站的瓶库与站外建、构筑物的防火间距应符合相关规范的要求	A	查阅场站安全评价报告或现场抽查	
		1.2 瓶库相邻房间应为非明火、散发火花地点	A	现场检查	
		1.3 Ⅰ、Ⅱ级瓶装供应站应设置围墙，围墙应完好，无破损	B	现场检查	
		1.4 站内建（构）筑物的布置符合安全要求，无违章搭建现象	A	现场检查	
		1.5 设在与建筑物外墙毗连的Ⅲ级瓶装液化石油气供应站应为单层专用房间，耐火等级不应低于二级	B	现场检查	
		1.6 严禁使用地下或半地下式瓶库	B	现场检查	
		1.7 瓶库与相邻房间之间应采用无门、窗洞口的防火墙隔开	B	现场检查	
		1.8 瓶库的门应直通室外	B	现场检查	
2	气瓶储存	2.1 液化石油气储存量不得超过核准的最大储存量	A	现场核算	
		2.2 瓶库墙根部应开设通风孔，室内应通风良好，无液化石油气积聚	A	现场检查	

续表

序号	检查单元	检查内容	类型	检查方法	检查情况
2	气瓶储存	2.3 钢瓶不得在阳光直射的露天存放，空瓶和实瓶应分开存放	B	现场检查	
		2.4 钢瓶应直立码放且不超过两层，并留有通道，50 kg 钢瓶应单层码放	B	现场检查	
3	安全设施	3.1 出入口醒目位置处应设有"严禁烟火"等防火警示标志	B	现场检查	
		3.2 瓶库内应配备固定式或便携式燃气浓度检测报警器	B	现场检查	
		3.3 瓶库内的用电设施应具备相应的防爆性能	A	现场检查	
		3.4 瓶库内应按规范配备和摆放灭火器材。灭火器应定期检查，保证完好可用，不得使用超期灭火器材	A	查阅灭火器材维护记录或现场抽查	
4	运行与维护	4.1 证照齐全并放置醒目处	A	查阅营业执照、瓶装燃气经营许可证	
		4.2 安全管理制度和操作规程应张贴在站内醒目位置	B	现场抽查	
		4.3 站点内应至少设置 1 台直通外线的电话	B	现场抽查	

用户管理单元安全检查参考表 11-6。

表 11-6　用户管理单元安全检查

序号	检查单元	检查内容	类型	检查方法	整改意见
1	安全宣传	1.1 应制订安全宣传制度或宣传计划，并切实落实	A	查阅安全宣传制度和计划	

续表

序号	检查单元	检查内容	类型	检查方法	整改意见
1	安全宣传	1.2 宣传的内容应包括必须遵守的安全管理规定、正确使用户内燃气设施的方法、正确选择燃气用具的技能、出现异常情况和意外事故时应采取的紧急处理措施以及报修报警电话等	B	查阅安全宣传资料	
2	入户安全检查	2.1 应制订入户安全检查的年度计划、月度计划	A	查阅入户安全检查计划	
		2.2 对商业用户、工业用户等非居民用户的入户检查每年不得少于1次，对居民用户的检查每2年不得少于1次	B	查阅入户检查记录	
		2.3 入户检查的内容应符合《关于进一步规范管道燃气用户设施安全检查工作的通知》（苏建函城〔2010〕176号）第二条的要求	B	查阅入户检查记录	
		2.4 对用户设施的入户检查应有记录，记录应保存至下次检查	B	查阅入户检查记录	
		2.5 应配备适用的安全检查设备，安全检查设备处于良好的状态	B	现场抽查	
3	维修服务	3.1 检查出的隐患应能及时修复到位，维修情况应有记录。对属用户维护的，应及时下达整改通知书。有燃气泄漏的应立即处理	B	查阅维修记录和整改通知书	
		3.2 应为维修人员配备适用的维修工具，维修所使用的配件应符合国家现行的产品质量标准要求	B	现场抽查	

第三节　瓶装燃气供气管理

瓶装燃气供气服务应符合现行国家标准《燃气服务导则》（GB/T 28885）中 7.1 的相关要求。

7.1.1　瓶装燃气经营企业应向用户提供符合国家规定并经法定检测机构检测合格的燃气气瓶。

7.1.2　瓶装燃气经营企业的瓶装燃气供应站应符合国家设立瓶装燃气供应站的安全技术要求，应配备检查充装质量及检查泄漏的器具和器材。

7.1.3　瓶装燃气经营企业应依照燃气专项规划设置瓶装气供应站，开展瓶装气经营业务。需要撤销或者搬迁瓶装气供应站的，应制定方案，妥善安排用户的用气，并于瓶装气供应站撤销或者搬迁前，按照相关法规规定的时限，在该供应站公开通知。通知应包括下列内容：

a）瓶装燃气经营企业名称；

b）撤销或者搬迁的瓶装气供应站名称；

c）撤销或者搬迁的日期；

d）妥善安排用户用气措施；

e）新设或改设供应站的站名、地址、方位图、服务电话或呼叫中心统一电话。

7.1.4　瓶装燃气经营企业应不断提高瓶装燃气的信息化管理水平，实现全过程信息的可追溯性，增强瓶装燃气的使用安全性。

7.1.5　瓶装燃气经营企业的燃气充装质量应符合国家有关规定。并应对其销售的瓶装燃气提供合格标识。

7.1.6 瓶装燃气经营企业应提供多种方式方便用户缴纳燃气费，向用户提供合法收费凭证。

7.1.7 瓶装燃气经营企业应使用本企业的燃气气瓶向用户销售瓶装燃气。用户有权选择瓶装气供应站。

7.1.8 瓶装燃气经营企业应向用户提供瓶装燃气搬运、检查充装质量和检查泄漏等服务。

7.1.9 瓶装燃气经营企业应在燃气气瓶（含检修、检测合格的燃气气瓶）首次投用前，对其进行抽真空处理，并做好记录。

7.1.10 瓶装燃气经营企业接到用户关于换气后，燃气燃烧器具无法正常燃烧的报告时，应提示用户暂停用气，并根据征询的情况及时告知用户可以处置的单位及联系方式，属于本企业解决的问题，应按约定的时间上门解决。

7.1.11 瓶装燃气经营企业接到用户报告瓶装燃气泄漏时，应提示用户采取常规措施，同时按照相关法规规定的时限响应，立即赶到现场处置。

7.1.12 瓶装燃气经营企业受理瓶装燃气用户设施维修的申请，应及时安排具有相应资格的维修人员处置。

7.1.13 瓶装燃气经营企业在服务窗口公示内容还应包括下列内容：

a）残液标准、超标补偿时限和方法；

b）国家规定的充装质量标准；

c）国家规定的燃气气瓶强制检测、报废时间标准。

7.1.14 供应瓶装液化石油气还应符合下列要求：

a）液化石油气钢瓶应符合 GB 5842 的规定；

b）瓶装液化石油气充装质量应符合 GB 17267 的规定，根据《液化石油气瓶充装站安全技术条件》（GB 17267—1998）第九条液化石油气充装量见表 11-7。

表 11-7   液化石油气充装量   单位：kg

YSP-2	YSP-5	YSP-10	YSP-15	YSP-50
1.9±0.1	4.8±0.2	9.5±0.3	14.5±0.5	49.0±1.0

（一）安全角度——保证钢瓶安全压力的充装上限；

（二）计量误差——规定充装量所容忍下限；

残液量的规定是按照国家液化气标准规定碳 5 以上组分不得大于 3%，参考企业运作实际作出。为保护消费者的权益，并规定超过残液量的处置方法、时限、补偿费计算等。

c）瓶装液化石油气经营企业应保证液化气钢瓶内液化气残液量符合下列规定：

1）YSP-5 型钢瓶内残液量不大于 0.15 kg；

2）YSP-10 型钢瓶内残液量不大于 0.30 kg；

3）YSP-12 型钢瓶内残液量不大于 0.36 kg；

4）YSP-15 型钢瓶内残液量不大于 0.45 kg；

5）YSP-50 型钢瓶内残液量不大于 1.50 kg。

d）液化石油气残液量超出前款规定的，瓶装燃气经营企业应对用户予以补偿。补偿后请用户签收。

一、送气服务

送气服务是瓶装气经营企业为用户服务、占领市场、延展服务的主要形式，又是保障用户使用设施安全的一道重要程序，也是瓶装气经营企业面临供气站困境的措施。送气服务的理念、方式、形式的发展和提升（如小容器供气）会使瓶装燃气使用的灵活性得到极大的发挥，是城镇燃气不可缺少的组成部分。

瓶装燃气企业应当遵守下列规定：

1）瓶装燃气经营企业应按约定的时间，为用户提供送气服务，并将相关合法收费凭证随同送达。

2）瓶装燃气企业的送气服务范围为企业所在地的市、县行政区域；需要跨市、县实行异地经营服务的，企业应当向异地的建设主管部门申请设立瓶装燃气供应站点，由供应站点的服务人员进行送气服务；不得利用送气车辆直接向异地用户提供瓶装燃气送气服务。

3）瓶装燃气企业应当与送气服务人员签订劳动用工合同，并定期安排其参加由建设主管部门组织的岗位培训，考试合格后方可从事送气服务。

4）瓶装燃气企业应当及时将已签订用工合同的在册送气服务人员名单报送建设主管部门备案；送气服务人员合同期满未续签、合同期内离职或者严重违法、违章被开除的，企业应当及时收回其从业相关证件，并告知建设主管部门。

5）瓶装燃气企业应完善送气服务网络，配备与经营规模相适应的送气服务人员，并制定送气服务管理制度；加强对所属送气服务人员的安全教育和管理，对送气服务人员在送气服务过程中涉及的违法行为、服务质量及安全事故等承担相应的安全、管理责任。

6）瓶装燃气企业应当加强对气瓶的流转管理，对已配送出的充满液化石油气的实气瓶和从用户家收回的空气瓶应当做好流转登记，防止送气服务人员私自从事非法经营行为和违反安全管理规定的行为。

7）瓶装燃气企业禁止向无瓶装燃气经营许可证、瓶装燃气供应许可证的单位和个人供应用于销售的燃气。

8）瓶装燃气企业应当配备或者委托符合安全运输要求的车辆运输配送液化石油气气瓶，不得使用厢体封闭等不符合安全要求的车辆运输装有液化石油气的气瓶。

9）瓶装燃气企业向居民用户送气使用的车辆及其装载的气瓶数量应当符合相应的安全要求。气瓶在运送过程中应保持单层直立码放，严禁气瓶倒置和厢体外挂。

瓶装燃气送气服务人员应当遵守下列规定：

1）送气服务时必须统一穿着企业识别服，随身佩戴岗位从业证（牌）、送气配送单。从业证（牌）应包含瓶装燃气企业名称、本人工号、照片、岗位名称。送气配送单应注明送气对象、送气地址、送气数量、送气人员、收费价格、气瓶编号、塑封套流水号、用户签收等事项。

2）应按企业的承诺时限直接送气到用户，并接受建设主管部门的监督检查。

3）向用户收取的售气款及送气服务费，必须严格执行瓶装燃气企业向社会公布的统一价格，不得有任何价格欺骗行为，不得以任何形式向用户索取额外费用。

瓶装燃气送气服务人员在从事送气服务时应当遵守下列规定：

1）不得擅自撕启钢瓶塑封标识和警示标签。

2）不得私自在家中、租用房屋等未经核准的场地存放已装液化石油气的气瓶。未能及时送出的气瓶应及时送回瓶装燃气企业存放。

3）未经所在企业允许，不得在用户家中从事液化石油气瓶、器具的维修及与送气业务无关的工作。

4）不得进行气瓶间相互倒灌、掺杂使假和随意倾倒液化石油气残液。

5）不得擅自处理超期、漏气等不合格气瓶；发现气瓶漏气，应及时送回瓶装燃气企业处理。

6）送气人员应为居民用户安装好燃气气瓶，并对安装部位进行泄漏检查和点火调试，直到使用正常，要求用户签收；若用户明确提出不要求送气人员安装，送气人员应该告知用户正确的安装、调试方法，并在签收单上注明。应轻搬、轻放燃气气瓶、不应有在地上拖动、滚动燃气气瓶的不当行为。

7）送气服务人员违反安全管理规定并造成严重后果的，有关部门应当按照有关法律法规给予查处。

建设主管部门应当遵守下列规定：

1）建设主管部门应当加强对瓶装燃气企业送气服务的监督管理，定期公布本地区企业送气服务人员名册，接受社会的监督。

2）定期组织送气服务人员进行燃气安全管理规定的培训。建设主管部门应当组织力量依法查处非法经营站点以及无合法经营站点流动经销瓶装燃气的非法经营行为。

3）对发现送气服务人员未穿着识别服、未佩戴岗位从业证（牌）、未随身携带送气配送单等涉嫌无证经营行为的，建设主管部门可依法暂扣气瓶；经查实确实为无证经营行为的，应当依照国务院《无照经营查处取缔办法》的有关规定予以处罚。

4）对瓶装燃气企业违法向无证经营单位和个人供应销售燃气的，建设主管部门应按照《燃气管理条例》规定进行查处。

5）瓶装燃气企业没有按规定要求对送气服务人员进行送气服务管理，1 年中有 3 次以上违反送气服务规定被有关部门查处的，建设主管部门可以按照《燃气管理条例》的规定吊销其燃气企业经营许可证或供应许可证。

二、瓶装燃气服务质量评价

瓶装燃气服务质量评价应符合《燃气服务导则》（GB/T 28885）的相关要求。

9.1　评价方式

燃气服务质量的评价应实行企业自我评价和社会评价结合的方式。

9.2　燃气经营企业自我评价

燃气经营企业应依据本标准建立以用户对服务满意度为基础的

服务质量自我评价体系。宜按照 GB/T 19001 的规定实施。

9.3　社会评价

社会评价包括：

a）按照有关标准定期开展用户满意度测评；

b）地方人民政府管理部门、协会、社会评价机构以及消费者组织等对服务质量进行的评价；

c）利用媒体公布燃气服务质量评价结果。

评价数据可由以下渠道获得：市民信访、投诉；社会评价、调查机构对燃气服务进行的定期评价；燃气用户调查、专项服务项目咨询、社会征求意见、专家评议等以及对企业服务窗口和专题用户的调查。

9.4.2.4　报修处理响应率

对用户设施报修处理响应率应 100%。响应率计算方法应按式（7）计算。

$$报修处理响应率=（规定时间内报修处理响应次数÷$$
$$报修处理数）×100\% \qquad （7）$$

9.4.2.5　报修处理及时率

对用户设施报修处理及时率不应低于 98%。及时率计算方法应按式（8）计算。

$$报修处理及时率=（规定时间内报修处理及时次数÷$$
$$报修处理总数）×100\% \qquad （8）$$

9.4.3　对瓶装燃气经营企业的服务质量评价考核指标

9.4.3.1　无泄漏合格率

实瓶出站无泄漏，合格率应 100%。计算方法应按式（9）计算：

$$实瓶出站无泄漏合格率=（检测无泄漏合格瓶数÷$$
$$检测总瓶数）×100\% \qquad （9）$$

9.4.3.2　充装合格率

液化石油气实瓶（重瓶）充装合格率应大于或等于 98%。计算方法应按式（10）计算：

液化石油气实瓶（重瓶）充装合格率=（检测实瓶合格数÷

检测实瓶总数）×100% （10）

第四节 场站安全设施及检测

一、液化石油气供应站安全检查

1）液化气罐罐体及系统管路无异常现象。

对液化气罐体通常是用肉眼直观检查，或借助测厚仪、放大镜来检查。如果罐体没有因腐蚀而产生起皮，表面没有深度超过 1 mm 的线性划痕，以及焊缝和其热影响区附近用 10 倍放大镜检查未发现裂纹，就认为罐体无异常现象。对于系统管路泄漏的检查应用气体检测仪检查，不具备条件时可以用肥皂水涂在各接头和紧固件处，如无气泡或仅有单个气泡产生，则认为无异常；如连续产生气泡，则认为异常。此外，也可用手来检查泄漏，其方法是将掌心紧贴在易产生泄漏处的下部，少许时间后嗅掌心是否有液化气味，如果没有气味或较淡，则认为无异常；如气味较浓，则认为有异常。

2）安全阀灵敏可靠，定期校验。

安全阀是防止液化气罐压力超过允许工作压力时能及时泄压的安全装置，是防止罐体超压爆炸的主要措施。安全阀应定期校验，有铅封，有记录，做到灵敏可靠。应能在规定的压力下自动起跳。安全排气管有防止进水措施。

3）压力表灵敏可靠，定期校验。

压力表是显示液化气罐和系统内压力的仪表。它显示不准，可能会导致误操作，进而造成爆炸事故。压力表应定期由取得计量资格的部门校验一次，有校验标签。压力表精度不得低于 1.5 级，表盘直径不小于 150 mm，量程应为 0～2.5 MPa。

4）液位计清晰，有防超装标记。

液化气膨胀系数很大，大约是水的 16 倍，且随温度的升高而增大。如果液化气罐内全部充满液化气时，一旦温度升高，液化气罐内的压力将急剧上升而导致爆炸事故。所以要求液化气罐的充装系数不得大于 0.41，以确保温度在 60℃时，液化气罐内不会全部充满，确保安全。为避免超装现象的发生，液位计必须能清晰地指示液位，并且在液位计上标有允许最高液位的红线。

5）充装秤灵敏、可靠、准确，定期校验。

目前，罐装钢瓶大多用台秤来计量钢瓶的充装量，如果秤不准，就会在充装时产生误差，造成超装，这会给液化气站和职工家庭的安全造成威胁。所以对充装秤必须保证灵敏、准确、可靠并定期对其校验。

6）喷淋降温系统完好，可随时启用。

每个液化气罐都要求设置喷淋降温系统。这是因为罐内液化气的压力，随环境的温度变化而变化。温度高压力就大，温度低压力就小。喷淋降温的目的是在罐受到高温或邻近发生火灾时，能降低罐壁温，使罐内压力不致超过所允许的最高工作压力，以避免发生爆炸事故。检查时，要求做到打开阀门时，喷淋降温水能均匀地布满罐的表面，保持连续流动。一般要求水流量不低于 3 L/（m² · min），而且控制喷淋的开关或阀门距离罐 10 m 以外都能随时启用。

7）应有合格的水封井和防火堤。

水封井和防火堤是液化气站不可缺少的防火设施。防火堤是在贮罐周围建不低于 1 m 高的实体墙，周围无缺口和孔洞，将贮罐与外界隔离，目的是当贮罐液化气大量泄漏时能将气体控制在一定的范围内慢慢扩散。至于在贮罐区内设置水封井，其作用是将贮罐区内的喷淋水和雨水排出罐区而将气体隔离在罐区内，要求水封井能保证正常排水，进水口低于出水口 0.6 m 以上。

8）液化气站建筑的耐火等级与防火间距应符合防火要求。

液化气站建筑的耐火等级不得低于 II 级。至于防火间距则应遵守《建筑设计防火规范》中的 4.4.1～4.4.6 的要求。特别强调的是防火间距内不得有易燃物存在，例如堆放易燃物，长有针叶树、杂草等可能成为火灾的传递物。

9）防火器材完备有效。

液化气站发生火灾后，一般灭火器材是扑灭不了的。唯一能解决的方法就是利用水冷却事故现场的贮罐和邻近的贮罐，使其不至于受高温而爆炸。只有小的火种和火灾可以用灭火器和水来扑来，以免火灾扩大到系统内产生大的火灾。消防器材完备有效的条件：消防水栓能保持连续供水；消防水栓和水带放置妥当，能随时启用；配备足够数量灭火器材，并按指定的位置放置，有防水防晒措施。

10）消防通道保持畅通。

消防通道是保证发生火灾后消防车能及时接近火灾场所和迅速运送灭火器材以及安全撤离人员和物质的必经道路。通道保持畅通是消防通道的必要条件，要求道路无障碍，并能使消防车调头，转方向。

11）使用的工具应为不产生火花的材料制成。

液化气站内，使用一般的铁制工具进行修理和开启阀门时，可能会因碰撞产生火花。如果此时与液化气接触，就有可能产生火灾爆炸事故。所以要求使用的工具应用不产生火花的材料制成，一般应用铜制的或表面镀铜的。

12）站内外应有明显的安全标志。

液化气站内外及其作业场所应有浓厚的防火安全气氛，使之能够时刻提醒管理、操作人员注意。液化气站大门外应设置醒目的“严禁烟火”的警示牌，站内和作业场所应设置防火安全警句和消防设备指示标志等。

13）液化气钢瓶应在检验周期内使用，无鼓泡、划痕和腐蚀等缺陷。

根据国家对液化气钢瓶有关安全规程的要求，规定钢瓶每使用 5 年检验 1 次。钢瓶使用 15 年后，必须每年检验 1 次，以考核钢瓶的强度。有缺陷的钢瓶是不安全的，不能再继续使用。

14）液化气罐体应有完整的技术资料，并经定期检验合格。

液化气罐是液化气站的主要设备，属三类压力容器。

为了加强对液化气罐的管理，按照压力容器安全技术监察规程的要求每台液化气罐都应有完整的技术资料并经定期检验合格。完整的技术资料主要是指登记表、使用证、产品质量证书、技术图纸和定期检验合格证等。对于液化气罐的质量，一定要严格控制。每台液化气罐都必须是有制造资格的定点生产厂的合格产品。液化气罐投入运行后，还应有定期检验合格证书。

15）应有可靠的防雷设施。

为了预防雷击产生火灾爆炸事故，液化气站应装设可靠的防雷设施。避雷针、引下线、接地极的设计和安装应符合防雷的有关要求。接地电阻不得大于 10 Ω。

16）罐体与管道应有可靠的接地，以导除静电。

液化气贮罐及其管道都应进行可靠的接地。要求贮罐罐体的接地点应进行焊接，并保证牢固；管道阀门之间应有连接跨线；胶管外要缠铜线并接地；所有接点，应每年检测 1 次。各单独接地体的电阻应不大于 10 Ω。

17）液化气站的电气设施应符合防爆要求。

液化气站是易燃易爆场所。根据国家有关的安全规程要求，站内所有电气设施必须符合防爆要求，否则在电气设备周围存在液化气混合爆炸气体时，可能因电气设备的开、关产生的火花而导致火灾爆炸事故。

二、液化石油气灌装安全检查

1. 贮罐

贮罐在首次投入使用前，要求罐内含氧量小于 3%。首次灌装液化石油气时，应先开启气相阀门待两罐压力平衡后，缓慢进行灌装。

2. 钢瓶

（1）灌装前的检查

钢瓶灌装单位在灌装前必须设专人对钢瓶逐只进行检查，并填好检查记录，当发现下列情况之一时，不得进行灌装：

1）首次灌装的钢瓶，事先未经抽真空的；

2）未经省级劳动部门批准的生产厂家生产的钢瓶；

3）钢印标记、颜色标记不符合规定及无法判定瓶内气体的；

4）附件不全、损坏或不符合规定的；

5）钢瓶内无剩余压力的；

6）超过检验期限的；

7）外观检查中发现有明显损伤或有怀疑而需进一步进行检查的；

8）没有带橡胶圈的；

9）发现有火烧痕迹的。

（2）灌装

1）YSP-10 型和 YSP-15 型钢瓶灌装误差为 0～0.5 kg；YSP 型钢瓶灌装误差为 0～1.0 kg。应实行严格的钢瓶复检制度，严禁过量灌装。

2）称重衡器应保持准确，称重衡器的最大称量值，应为常用称量的 1.5～3.0 倍，称重衡器的校验期限不得超过 3 个月，每天灌装前要对称重衡器进行一次校准，称得衡器宜设有超装警报和自动切断气源装置。

3）严禁用槽车直接向钢瓶灌装。

4）对灌装后的钢瓶应逐只检查，发现有泄漏或其他异常现象时应妥善处理。

5）灌装接头应保证可靠的严密性。

3. 槽车

（1）灌装检查

槽车的灌装单位必须有专人在灌装前对槽车进行检查，并做好检查记录，属于下列情况之一的，严禁灌装：

1）槽车超过有效检验期的；

2）槽车的漆色、铭牌和标志不符合规定，或与所装介质不符，或脱落不易识别的；

3）灭火装置及安全附件不全、损坏、失灵或不符合规定的；

4）未判明装过何种介质或罐内没有余压的；

5）罐体外观检查有缺陷，不能保证安全使用或附件有泄漏的；

6）槽车无使用证，驾驶员或押运员无有效证件的；

7）槽车罐体号码与车辆号码不符的；

8）罐体与车辆之间的固定装置不牢靠或已损坏的。

（2）装卸作业

1）槽车应停靠在指定位置，手闸制动，并熄灭发动机。

2）作业现场严禁烟火，且不得使用易产生火花的工具和用品。

3）作业前应接好接地线，管道和管接头连接必须牢靠。

4）装卸作业时，操作人员和槽车押运员均不得离开现场，不得随意启动车辆。

5）新槽车或检修后首次灌装的槽车，灌装前应做抽真空或进行氮气置换处理，严禁直接灌装。处理后罐内真空度应不小于 0.086 6 MPa，或气体含氧量不大于 3%。

6）槽车的灌装量不应超过设计所允许的最大灌装量，严禁超装。灌装完毕，应复检重量或液位，如有超装，应立即处理。

7）槽车灌装应认真填写灌装记录，其内容包括槽车使用单位、车型、车号、灌装日期、实际灌装量及灌装者、复检者和押运员的签名等。

8）槽车到厂（站）后，应及时往贮罐卸液，固定式槽车不得兼作贮罐用。

9）禁止采用蒸气直接注入槽车罐体升压，或直接加热槽车罐体卸液。

10）槽车卸液后，罐内应留有 0.05 MPa 以上的剩余压力。

11）凡有以下情况之一时，槽车应立即停止装卸作业，并作妥善处理：

①雷击天气；

②附近发生火灾；

③检测出液化气体泄漏；

④液压异常；

⑤其他不安全因素。

三、液化石油气贮罐、槽车和钢瓶的定期检验

1. 贮罐的定期检验

液化石油气贮罐的定期检验按现行《固定式压力容器安全技术监察规程》（TSG 21）和《移动式压力容器安全技术监察规程》（TSG R0005）的要求执行。

2. 槽车的定期检验

1）槽车的定期检验分为年度检验和全面检验 2 种，年度检验每年进行 1 次，全面检验每 5 年进行 1 次，但新槽车在投入使用后的第

二年必须进行首次全面检验；年度检验时如发现严重缺陷，应提前进行全面检验。

2）槽车的年度检验由企业检验所进行，槽车的全面检验由具有相应资格的检验单位承担。

3. 钢瓶的定期检验

1）承担钢瓶定期检验的单位，应取得检验资格证书。从事钢瓶检验工作的人员，应取得气瓶检验员资格证书。

2）钢瓶使用未超过 20 年，每 5 年检验 1 次；超过 20 年的，每 2 年检验 1 次。

3）新购钢瓶应进行抽检，经编号、建卡后方准投入使用。

4）钢瓶在使用过程中发现有严重腐蚀、损伤或对其安全可靠性有怀疑时，应及时进行检验。

5）库存和停用时间超过一个检验周期的钢瓶，启用前应进行检验。

6）钢瓶定期检验，应符合现行国家标准《液化石油气钢瓶定期检验与评定》（GB/T 8334）的要求，经检验合格的钢瓶，检验单位应出具《钢瓶检验合格证》。

7）经检验报废的钢瓶，检验单位要及时进行破坏性处理，并填写《钢瓶判废通知书》，通知钢瓶使用单位，同时上报局级安全部门。

参考文献

[1]陈宇. 我国城镇管道燃气特许经营制度典型问题研究——以福建省典型问题为考察基点[J]. 中国石油大学学报（社会科学版），2021，37（3）：33-39.

[2]艾建国. 城镇燃气基础知识[M]. 长沙：国防科技大学出版社，2017.

[3]王泽宗. 大工业用户天然气用气特点及配套工程设计[J]. 山西建筑，2021，47（7）：2.

[4]詹慧淑. 燃气供应[M]. 北京：中国建筑工业出版社，2004.

[5]黎延志. 城镇燃气工程建设管理的要点[EB/OL]. （2016-09-20）. [2017-6-5] http://www.cajcd.edu.cn.

[6]刘浩. 浅议燃气工程项目信息化管理的思路与发展[J]. 中国设备工程，2021（9）：38-40.

[7]侯文博，程喜平. 浅析燃气信息化建设中管道的信息化管理[J]. 计算机产品与流通，2020（11）：149.

[8]李光昊. 城市燃气企业信息化管理系统建设策略研究[J]. 石化技术，2020，27（7）：209，295.

[9]刘颖. 浅议燃气工程项目信息化管理的思路与发展[J]. 地产，2019（23）：126.

[10]吴进，刘兢建，张海军. 基于数字化城市的燃气信息化安全管理平台[J]. 城市燃气，2016（10）：38-42.

［11］王星. 燃气企业信息化建设的紧迫性[J]. 煤气与热力，2010，30
（3）：28-31.

［12］马婷，程龙. 信息化为燃气企业发展注入科技力量[J]. 魅力中国，
2009（20）：79.

［13］金玲. 推进城市燃气企业信息化系统建设的探讨[J]. 科技风，
2009（10）：176.